中老年人

轻松玩转

智能手机

智能家电与智慧生活篇

黄华 / 编著

清华大学出版社

北京

内 容 简 介

本书从中老年人使用智能家电的实际需要出发，采用图文并茂的写作方式进行讲解，中老年朋友只需要按照书中的步骤进行操作，就可以快速掌握智能家电的使用方法与技巧。

全书涵盖了市场上大部分的智能家电产品，通过对智能家电的使用说明、操作技巧、故障处理等知识的讲解，力求全面解决中老年人使用智能家电的过程中遇到的问题。本书内容浅显易懂，适合刚刚接触智能手机的中老年人阅读。

图书在版编目（CIP）数据

中老年人轻松玩转智能手机. 智能家电与智慧生活篇/黄华编著.
一北京：清华大学出版社，2019

ISBN 978-7-302-52136-5

Ⅰ．①中… Ⅱ．①黄… Ⅲ．①移动电话机－中老年读物
Ⅳ．①TN929.53-49

中国版本图书馆CIP数据核字（2019）第009728号

责任编辑：陈绿春
封面设计：潘国文
责任校对：胡伟民
责任印制：宋 林

出版发行：清华大学出版社
  网 址：http://www.tup.com.cn，http://www.wqbook.com
  地 址：北京清华大学学研大厦A座 **邮 编：**100084
  社 总 机：010-62770175 **邮 购：**010-62786544
  投稿与读者服务：010-62776969，c-service@tup.tsinghua.edu.cn
  质 量 反 馈：010-62772015，zhiliang@tup.tsinghua.edu.cn

印 装 者：三河市铭诚印务有限公司
经 销：全国新华书店
开 本：140mm×214mm **印 张：**6.5 **字 数：**230千字
版 次：2019年5月第1版 **印 次：**2019年5月第1次印刷
定 价：45.00元

产品编号：076661-01

前言

随着科技的突飞猛进和社会老龄化现象的加重，有一类社会矛盾开始凸显，并成为国家和社会广泛关注的问题，即中老年人的生态问题。众所周知，一个人随着年龄的增长，对新鲜事物的学习能力和适应能力逐步下降，中老年人已经形成的自己独有的思维和生活方式，为他们带来了一系列的不便。

除手机之外，越来越多的电子产品步入智能时代。智能电视、智能电饭煲、智能洗衣机，不复以前的简单功能，这些"智能"产品操作更为复杂、按键更多，在给人们带来更多生活便利的同时，也使操作这些产品变得更加需要"基础"，这对相当一部分中老年人来说，是一个挑战。说明书这种过于简明和用词专业化的小册子，其实并不太实用，中老年人需要一本更易懂、易学的教程。

不论是想要享受更加丰富多彩的退休生活，还是"发挥余热"给儿女帮帮忙，学会使用一些智能电器，过好"智能家居"生活，学习本书都是很有必要的。

全书共分为 6 章。

第 1 章，从科学的角度解惑答疑，终结谣言，让中老年人接受智能生活方式。

第 2 章，介绍智能生活的核心——WiFi，以及常用的智能电视等一系列"住家型"电器的使用方法和注意事项。

第 3 章，从安全、节能等方面阐述智能科技产品的强大作用和具体使用方法。

第 4 章，介绍生活环境中的照明、温度控制设备。

第 5 章，进一步与健康连线，拓展到科技产品与健康生活。

第 6 章，智能设备与中老年娱乐生活。

作者

2019 年 3 月

第 1 章　会生活，智能设备不可缺少

第 2 章　不求人，智能家电一学就会

第 3 章　护安全，放心出门不用牵挂

IV

第 4 章　好环境，智能控制为您创造

第 5 章　保健康，提高您的生活质量

第 6 章 享休闲，陪您度过闲暇时光

第1章

会生活，智能设备不可缺少

 内容摘要

别太担心，电器使用利大于弊

终结谣言，别再信这些

顺应潮流，科技改变生活

滑动解锁

现代科技日新月异，智能家居产品也出现在了我们生活的方方面面，很多事情都不再需要亲力亲为，只要下达指令，智能设备就能帮我们完成。如果上了年纪的人也能操纵智能设备，生活中很多问题就能迎刃而解，不再成为问题（图1-1）。

图1-1

1.1 别太担心，电器使用利大于弊

电器使用得过多，中老年朋友就会担忧，会不会多交电费、会不会有辐射，对人体不好、会不会用太久把电器用坏了……其实电器并没有他们想象得那么娇贵，只要使用得当是不会产生问题的。虽然很多事其实都能亲力亲为，但是智能家电的使用能让生活变得更轻松、愉悦。

1.1.1 不要误解了"智能"的含义

"智能家电"，顾名思义就是体现智慧能力的家居电器产品。现在市场上所出售的家电大多是智能家电，智能家电虽然功能越来越多，越来越强大，但是操作上却越来越简便，产品上手速度越来越快，这大幅方便了中老年朋友对产品的操作。

而且现在大家基本都使用智能手机，而很多电器都能在手机上操作，减少了很多不必要的操作步骤，也省去了遥控器，只要在手机上用好相应的软件，就能轻松使用它们了（图1-2）。

图 1-2

◯ 1.1.2　亲近自然也别远离科学

以前的天空是蓝的，空气是清新的，良好的生活环境让大家用亲近大自然的方式来获得更好的生活体验。但是因为环境污染，现在天空开始变得灰蒙蒙的，空气中也夹杂着许多可吸入的粉尘，致使身体出现不适。由于环境污染所造成的问题，还是需要利用科学的方法来改变。例如，空气质量的下降，可以使用空气净化器来改善（图 1-3）。

图 1-3

或者由于恶劣的天气，中老年朋友无法外出锻炼身体，则可以使用跑步机在家中锻炼身体（图 1-4）。

图 1-4

◯ 1.1.3　节约万不可以身体为代价

生活在这个时代的中老年朋友们，是最能感受科技日新月异带来的变化的，从前的生活艰苦，方方面面都要节省，所以即使过上了富裕的生活依然保持节俭的习惯。但是节约也是需要分情况的，我们倡导节约，但这些都要在不伤害身体的情况下进行，倘若大夏天气温三四十度，身上汗流不止却想着要节约电费而不开空调，导致中暑岂不是因小失大，影响自己的健康（图 1-5）。

> **高温天老人不舍得开空调，小心"隐性中暑"找上门**
>
> 澎湃新闻记者 陈明明 通讯员 孙钰 周雪
> 2017-07-21 18:31 来源：澎湃新闻　　　　　　　　　　　字号

图 1-5

中老年朋友们知道食物来之不易，对待过期、变质的食物也总舍不得倒掉，总觉得扔掉就是一种浪费。其实，长时间放在外面的饭菜容易滋生微生物、产生病菌，吃了对身体有很大的危害。（图 1-6）。

> 🐧 **腾讯·大豫网**　　大豫城事
>
> **驻马店三位老人为节省吃剩饭菜 险些丢了性命**
>
> 社会　天中晚报[微博] 2016-06-29 19:55　我要分享 ▾　　　💬 17

图 1-6

◯ 1.1.4　智能生活离我们并不远

　　科技的飞速发展使智能产品的更新速度越来越快。我们身边出现的很多电器产品现在也都属于智能家电，通过简单的操控就能达到令人满意的效果。时代在进步，中老年朋友们也应跟上时代的步伐，运用好生活中的智能产品，给生活一点新的改变（图 1-7）。

图 1-7

　　例如，现在满大街都是的共享自行车（图 1-8），不仅为人们出行提供了便利，同时也能锻炼身体。

图 1-8

功能强大的手机 APP（图 1-9），让手机就如同一台掌上电脑，它汇集了众多功能，它给生活增添了无限的便利。

图 1-9

还有非常方便的移动支付，由于年龄问题，很多中老年朋友都有把钱包遗落在某个地方的时候，付钱时需要花很多时间来找钱包，而移动支付恰恰就能解决这个问题，只要用手机扫一扫就能轻松付款（图 1-10）。

图 1-10

◯ 1.1.5　科技世界不独属年轻人

科学技术的发展离不开年轻人灵活的头脑和富有创造性的思维，但这并不代表中老年朋友就无法为科技创新做出一份贡献（图 1-8）。

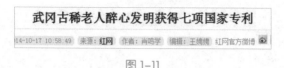

武冈古稀老人醉心发明获得七项国家专利

14-10-17 10:58:49　来源：**红网**　作者：肖鸣学　编辑：王娉娉　红网官方微博

图 1-11

就算现在无法为科技发展做出一份贡献，那也不代表就无法享受现代科技带来的便捷而轻松的生活。在日常生活中，中老年朋友相比年轻人有更多的时间和精力去学习新的知识和新的技能。在学习后同样能轻松与互联网时代接轨（图 1-12）。

新华网 上海　新闻中心 > 正文

老年人一样可以玩转互联网时代 动动手指知信息

2017年08月05日 09:59:16　来源：解放网

图 1-12

【跟我学】越智能的产品越容易操作

为了更好地服务用户，现在的智能产品将许多功能化繁为简，只保留最基础的按键和最简易的说明，让人们能有更好的使用体验（图 1-13）。

图 1-13

语音助手就是一个很方便的功能。自从苹果手机推出 SIRI 语音助手后，各种智能家电也都纷纷推出了属于自己的语音助手（图1-14）。只要清晰地向它说出指令，它就能听明白，并且按要求完成操作。

图 1-14

1.2　终结谣言，别再信这些

现在我们处于一个信息大爆炸的时代，人人都可以在互联网上畅所欲言，表达自己的看法与见解。例如，朋友圈就是一个大家将身边所见所闻都能与他人分享的地方，对于闲赋在家的老年朋友而言，这是了解家人的另一种方式（图1-15）。

然而，由于信息沟通的方便与及时，这也成了不法分子传播谣言的最佳途径。他们在朋友圈中发表一些不属实的言论，没有分辨能力的人很容易就进入了他们的圈套，帮着他们一起传播谣言（图 1-16）。所以，面对一些网上的传言，要有自己的判断能力，做到不传谣、不信谣。

图 1-15

图 1-16

 1.2.1　掌上生活威胁视力？

由于生活水平的提高，手机已经成了人们生活中不可替代的用具。但一直以来都有人说，手机严重影响视力（图 1-17），需要远离手机。

Baidu 新闻　手机对视力的影响　　　　　百度一下

- **关灯玩手机30分钟得眼癌？谣言!但对视力有影响**
  济宁新闻网 2016年02月25日 10:00 3条相同新闻>>
- **手机贴膜真的伤眼吗?并没有那么夸张**
  网易手机 2015年06月26日 08:06
- **手机贴膜真的会影响视力吗?告诉你真相!**
  腾讯网 2015年04月20日 09:00

图 1-17

手机对视力伤害真的这么大吗？其实并不全是这样，手机发出的蓝光确实对视力有影响，但是也可以通过手机的设置消除蓝光。先说安卓手机的操作方法。

（1）在"应用商城"中下载一个抗蓝光软件（图 1-18）。

图 1-18

（2）点击进入软件，在页面中点击滤镜开关即可打开滤镜，一般选择黄色光源会对视力有更好的保护，滑动滑块则可以调节滤镜的处理强度（图 1-19）。

图 1-19

(3) 调整到眼睛感觉最舒服的滤镜强度（图 1-20）。

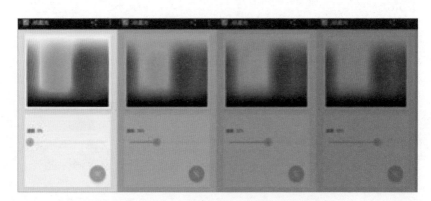

图 1-20

(4) 退出软件后，手机所有的界面也都会显示出黄色的滤镜效果（图 1-21）。

图 1-21

如果是苹果手机，则手机系统中自带了光线调节功能，只需要在手机设置中调整好即可。

(1) 进入手机设置界面（图 1-22）。

(2) 点击"显示与亮度"，进入后会有 Night Shift 选项（图 1-23）。

图 1-22　　　　　　　　　　　图 1-23

(3) 在这个选项中可以调整色温并设定时间（图 1-24），色温可以调整为较冷或较暖，时间可以根据日出、日落来设定，也可以自定义。

图 1-24

设定好的手机会显示出对视力有保护的暖黄光，当然也要控制手机使用的时间，在合理的时间内使用手机，对视力并不会造成太大的影响。

◐ 1.2.2　家电辐射可致癌?

"致癌"是一个很可怕的词，很多危言耸听的文章为了增加阅读量特别爱使用这个词。毕竟现在这个社会提到致癌，人人都自危，大家都想有个好身体，所以就会人云亦云。其实，这些文章的真实性是需要查证的。（图 1-25）。

图 1-25

在医学专家的调查中显示，生活中的家电和癌症并没有任何关联（图 1-26）。这是因为日常所使用的家电发出的辐射都属于非电离辐射，非电离辐射的能量远没达到将分子分解的程度，主要以热效应的形式作用于被照射物体，类似于晒太阳一样，晒太阳时间过长会使皮肤灼伤，但远不会让皮肤致癌。

图 1-26

◐ 1.2.3　无线网络对孕妇有害?

互联网普及后，为了更好地享受网络带来的便利，很多人家里都安装了无线网络，但是"无线网络对孕妇有害"这种谣言不知从何时起便出现在了大众的视野中。但这个传言就和前文说到的"家电辐射会致癌"一样，来源毫无依据。

无线网络所传播的辐射和家电一样都属于非电离辐射，并没有致癌性，所以对孕妇和胎儿的伤害也是可以忽略不计的（图 1-27）。

南京 频道　首页 > 社会

家有孕妇老公求邻居关WiFi 专家:影响可忽略不计

图 1-27

1.2.4　喂养婴儿需要无菌水？

孩子是每个家庭的希望，现代家庭由于父母双方都要工作，所以将小孩给家中长辈帮忙照顾的不在少数，长辈都会对家庭中的新生命宠爱有加，于是某些商人便利用长辈们的这种心理，传播不实的谣言，吸引他们进行消费（图 1-28）。

新华网 新闻　新华网 > 健康 > 正文

婴儿需要"无菌水"吗？

2015年07月01日 07:34:29　来源：北京晨报

图 1-28

这个谣言一出来便被专家们给否定了，婴儿用水只要求安全、卫生即可，并不一定要求无菌，过度强调无菌其实容易增长婴儿对外界环境过敏的概率。

1.2.5　随手开关更能省电？

这点似乎是毋庸置疑的，但其实这也是要分情况而定的。例如，节能灯开灯瞬间的功率达到平时功率的 6 万倍以上，一次启动所费的电，相当于开灯后一分钟所消耗的电（图 1-29），而且，频繁开关灯会加速开关的磨损，容易导致短路。

査査吧 **家居**　　主页 › 家居装修 › 装修宝典 › 不随手关灯" 对于节能　　| 请输入关键词 | **搜索**

不"随手关灯" 对于节能灯反而更省电

作者：tfhbyw 2015-10-21 10:13 [查查吧] www.chachaba.com

图 1-29

【跟我学】哪些字眼一看就知是谣言

　　在互联网发达的当下，很多造谣者是为了博眼球、赚流量、引起社会轰动，结果造成了社会恐慌。而很多传谣者则抱着一种"宁可信其有，不可信其无"的心态，认为多长个心眼总是好的，于是将谣言散播了出去。

　　其实，分辨谣言并不是一件难事，最常见的谣言通常是和生活息息相关的，例如，食品安全、人身安全、社会矛盾、医疗疾病等（图1-30）。所以如果出现"内部消息""独家内幕""据说""听说"等一系列的字眼，很可能就是谣言。具有真实性的报道通常都不会使用这些词语，只有造谣者才会在没有真实根据的情况下编造出这些"消息"。

图 1-30

　　而面对谣言，要做的便是不信谣、不传谣、理性判断。遇到自己并不了解的事，可以先自行在网络上查询，或关注官方、主流媒体发布的权威报道。其次，注意网络信息的出处和可靠性，避免成为传播谣言的帮凶。

1.3　顺应潮流，科技改变生活　　⊕

科技的发展对现代生活的改变是有目共睹的，科学技术的高速发展给人们带来的是更便利、舒适的生活方式。例如，智能手机的出现，就极大改变了人们的交流方式。从听筒式电话到现在的微信、QQ、视频聊天等，让人们之间的距离变短，沟通也更容易了。

🔘 1.3.1　智慧城市

智能城市（图 1-31）在多地都有试点，如果试点城市发展顺利，就会开始在全国大面积推行。

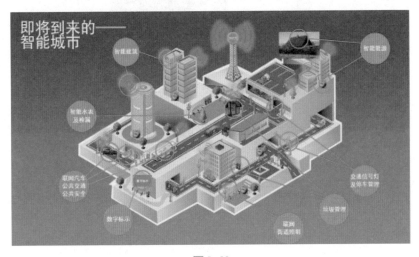

图 1-31

智能城市是面对现有大型城市的一项改革，它可以满足对能源日益增长的需求，它还可以开发新能源、优化现有资源，并让传统资源与替代能源相结合。智能城市将拥有源源不断且可靠的电力和能源，从而推动经济增长，提高生活质量与安全性。它无疑是未来发展的新方向，更重要的是它将给下一代人提供一个更加安全可靠的生活环境。

1.3.2 智能产品瞄准老年人市场

现在的老年朋友退休在家，相比年轻人而言，他们在生活中需要接触更多的家用电器，例如，电子血压计、空气净化器、扫地机器人、智能手环等（图 1-32）。于是现在的商家都把目标瞄准了老年朋友。

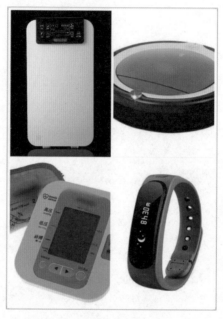

图 1-32

针对老年朋友的特点，这类商品大多都有一些共同的特点，例如，使用方便、操作简单、功能全面，最大限度满足了老年朋友使用家居电器的需求。

1.3.3 并非智能家电都非常贵

智能家电采用一些新科技，让人们的生活变得更简单、方便。但退休在家的老人，却很少会选择并使用智能家电，因为在大众的印象中，科技产品的价格普遍都比较"昂贵"，令人望而却步。

但其实并非所有的智能家电都非常贵，例如，扫地机器人，如果选择在上网订购，价格其实还是可以接受的（图 1-33）。

图 1-33

　　图 1-33 是在淘宝网搜索扫地机器人出现的前几名商品，贵的在两千元左右，便宜的都不到一千元。

◖◗ 1.3.4　品质的判断以品牌为主

　　在智能产品的选购上，不能一直以价格作为判断标准，价格低廉不代表差，而价格昂贵的也不一定就是好的。产品的品质判断主要还是以品牌为主，相对没有品牌的三无产品，或者不知名厂家的小品牌，正规厂家和比较有影响力的大品牌厂家，在产品质量上的把控会更严格（图 1-34）。

图 1-34

◖◗ 1.3.5　便宜和品质的变化关系

　　现在智能产品推出的速度越来越快，几乎没有哪种产品是"无可替代"的，所以商家推出的商品会不断更新并且不断增加新功能，另外，价格也是商家互相竞争的砝码（图 1-35）。

图 1-35

　　商家之间互相竞争，得利的自然是消费者。在推出新款产品时，老款一般会打折或者低价销售，这时去选购老款产品，便能买到物美价廉的产品了。另外购买时尽量选择大品牌，产品的质量也会比较有保障。

【跟我学】网购电器如何避免被诓骗

　　网上购物，不需要走出家门就可以挑选商品，还可以在网络上与商家交流意见，商家可以直接送货上门，有的还包安装。这对不方便出门或者精力不足的老年朋友来说，是一种非常合适的购物模式。

　　那么，怎样在网上购买电器才能避免被骗呢？

　　首先，要选择正规的网络购物平台，核实该网站是否具有管理部门颁发的经营许可证书。目前主流的购物网站有：京东、天猫、当当、国美在线、苏宁易购、亚马逊等（图 1-36）。

图 1-36

　　在这些网站中有很多商家，在其中要选择信誉好的商家，以天猫为例，在商家介绍中可以看到买家对商家的描述、服务、物流情况的打分评价，满分是 5 分，越接近 5 分表示商家在相关环节做得越好。

图 1-37

　　在商品选购的过程中，针对商品性能可以多与商家交流沟通，也可以看看"买家秀"，对比商品图和实物的差别（图 1-38）。

图 1-38

　　确定购买的商品后，与商家沟通索取发票，因为有些商品只能凭借发票才能得到保修。最后需要仔细核对收件人姓名、地址和联系方式（图 1-38），从而保障商品顺利到达您的手中。

图 1-39

支付方式最好选择银联或支付宝等（图 1-40）比较有保障的方式，这类支付方式可以在商品到手并确认没有问题后再确认收货，然后商家才能收到您支付的货款。这种方式也避免了不良商家以次充好或虚假发货，在没有收到商品或者商品与订购的产品不一致时，都可以找商家退货或换货。

图 1-40

第 2 章

不求人，智能家电一学就会

 内容摘要

智能设备，网络连接一切

智能电视，您的信息窗口

清洁打扫，智能产品来帮忙

滑动解锁

目前智能家电的普及非常广泛，几乎家家户户都有一两件智能家电，例如，智能电视、智能空调、智能冰箱等。尤其是老年朋友的家中，儿女为了能让父母享受更美好、更方便的生活，会为他们购置一些智能产品，希望能减轻父母的负担。然而，这些智能家电如何使用，似乎已经成了老人们的一个难题（图2-1）。

图 2-1

其实，智能家电的普及就是为了方便人们的生活，所以智能家电的操作不会设计得太复杂，人人都可上手操作。

2.1 智能设备，网络连接一切

现在的电子产品几乎都有网络连接功能，而这些可以上网的电子设备，也都能在一个区域网中被连接到一起。家庭中最常见的一些智能设备也可以通过网络被连接到一起，这些都极大方便了老年朋友的使用。

图 2-2

🔘 2.1.1　办理与开通无线网络

现在的网络已经不是以前需要连接网线才能拨号上网的时代了，无线网络的普及大大方便了我们的生活，没有网线的限制，无论走到哪里，只要在无线网络的覆盖范围内就可以连接网络，查看当地最新信息、了解时事新闻等。

现在办理无线网络是一件非常容易的事情。很多宽带公司只需要拨打网络安装电话，就可以马上上门安装、调试（图 2-3）。

图 2-3

2.1.2　家用路由器的设置方法

需要无线上网，仅是安装好宽带是不够的，还需要利用无线路由器将信号发射出去，这样智能设备才可以接收到信号。这一步在宽带公司上门安装设备时基本就已经弄好了。现在需要做的是设置无线密码和用户名，避免他人蹭网，导致自己的上网速度变慢。

(1) 打开计算机上的网络浏览器，在清空地址栏后输入192.168.1.1（图2-4），这是一般路由器的管理IP地址，按回车键后弹出登录框。

图2-4

(2) 初次登录路由器管理界面时，会弹出"为保证设备安全，请务必设置管理员密码"界面，在该界面中根据提示进行设置即可（图2-5）。

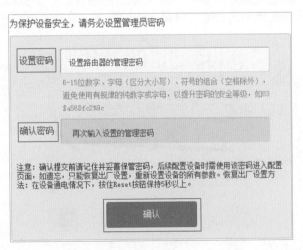

图2-5

注意：部分路由器需要输入管理用户名和密码，一般情况下均输入 admin 即可。

(3) 在设置完管理密码后，开始设置向导，进入路由器登录页面后，单击"设置向导"，单击"下一步"按钮（图 2-6）。

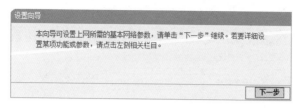

图 2-6

(4) 目前大部分路由器均支持自动检测上网方式的功能，按照页面提示的上网方式设置即可，但是如果需要设置其他的上网方式，可以选择"PPPoE（ADSL 虚拟拨号）"选项，然后单击"下一步"按钮（图 2-7）。

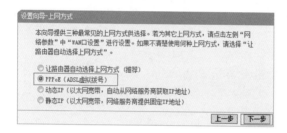

图 2-7

(5) 在弹出的窗口中对应输入运营商提供的宽带账号和密码（图 2-8），账号和密码一定要输入正确。

设置向导-PPPoE

请在下框中填入网络服务商提供的ADSL上网帐号及口令，如遗忘请咨询网络服务商。

上网帐号: 07550███████ 填写运营商分配的宽带账号
上网口令: ●●●●●●●● 填写宽带密码
确认口令: ●●●●●●●● 请注意字母大小写

上一步 下一步

图 2-8

注意：很多用户因为输入错误的宽带账号、密码，导致无法正常上网，一定要仔细检查用户的宽带账号是否准确，注意中英文格式和字母大小写是否输入正确。

(6) 下面进行无线网络的设置，输入 SSID 名称，可按照个人喜好进行设置，选中"WAP-PSK/WPA2-PSK PSK 密码："单选按钮，然后输入 8 位以上的无线密码（图 2-9）。

设置向导 - 无线设置

本向导页面设置路由器无线网络的基本参数以及无线安全。

SSID:　　　zhangsan　　　　　　　　设置无线网络名称
　　　　　　　　　　　　　　　　　　　不建议使用中文字符

无线安全选项：

为保障网络安全，强烈推荐开启无线安全，并使用WPA-PSK/WPA2-PSK AES加密方式。

◉ WPA-PSK/WPA2-PSK　　　设置8位以上的无线密码
　 PSK密码：　　　　　　　　12345678

　　　　　　　　　　　　　　（8-63个ASCII码字符或8-64个十六进制字符）

◎ 不开启无线安全

　　　　　　　　　　　　　　　　　　　　　　上一步　　下一步

图 2-9

(7) 设置完成后，单击"下一步"按钮即可完成设置。再次进入路由器管理界面，单击"运行状态"按钮，查看 WAN 状态，当 IP 地址显示不为 0.0.0.0 时，表示设置成功（图 2-10）。

WAN口状态

MAC地址：　　　D8-15-0D-D5-34-6B

IP地址：　　　　0.0.0.0　　　　　　　PPPoE按需连接

子网掩码：　　　255.255.255.255　　确认获取到IP地址等参数

网关：　　　　　121.201.33.1

DNS服务器：　　121.201.33.1 , 121.201.33.1

上网时间：　　　0 day(s) 00:00:03　　断线

图 2-10

注意：部分路由器在设置完成后需要重启，单击"重启"按钮即可。

无线路由器设置完成后，就可以直接打开网络浏览器上网了。

2.1.3　这些设备都可以连接无线网络

由于无线网络应用的普及，我们身边的智能产品几乎都可以连接无线网络。大家电，例如，空调、冰箱、吸油烟机、家庭影院、洗衣机等；小家电，例如，微波炉、电饭煲、烧水壶、扫地机器人、风扇等都可以使用无线网络连接到一起。

被无线网络连接到一起后，这些产品就能用手机、平板电脑或者计算机进行操作。

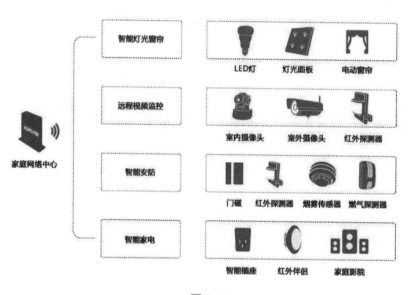

图 2-11

2.1.4　使用蓝牙也能接入网络

在家中可以使用 WiFi 无线网络来连接智能产品，如果出门在外，在没有无线网络的地方，要想使用智能设备应该怎么操作呢？

（1）打开手机的"全部设置"界面，在其中选择"更多无线连接"选项（图 2-12）。

图 2-12

(2) 在"更多无线连接"界面中，选择"网络共享"（图 2-13），在进入的界面中打开"蓝牙共享网络"选项（图 2-14）。

图 2-13

图 2-14

(3) 设置完成后，再次在"全部设置"界面中进入"蓝牙"界面（图 2-15），手机会自动搜索可以连接的蓝牙设备，选择需要共享的用户蓝牙，并进行配对（图 2-16）。

图 2-15

图 2-16

在蓝牙配对成功后，点击要共享的手机并进入已配对的蓝牙设备，开启"互联网访问"功能即可（图 2-17）。

图 2-17

注意：如果使用的是苹果手机，则这项功能不可用。

◯ 2.1.5　用手机软件控制家电

　　家里的电器太多，相应的遥控器也就多了起来。不同的电器需要使用不同的遥控器，而遥控器的模样大多都差不多，这对老年朋友来说是一件非常不"友好"的事情，但是现在有了智能手机和无线网络，这件不"友好"的事情也可以让它变得"友好"起来。

　　目前，市场上针对家电产品遥控器太多的问题推出了很多集成多款遥控器功能的手机软件（图 2-18）。这些手机软件的共性就是只需要打开它连接家电就可以对其进行遥控。

图 2-18

　　(1) 首先打开软件（以遥控精灵这款软件为例），在遥控器界
　　　　面点击中央的"+"添加按钮（图 2-19）。

图 2-19

　　(2) 此时出现"搜索"窗口，在该窗口中搜索电器品牌或者电
　　　　器型号等信息，进行数据搜索（图 2-20）。界面下方还可
　　　　以选择遥控器的"皮肤"(包括背景颜色及按钮类型）。

图 2-20

(3) 此时，进入遥控精灵的"场景"界面（图 2-21），点击"+"
添加按钮，选择在这个场景中需要添加的遥控器。

图 2-21

(4) 在一个场景中可以包含一个或多个遥控器，在"场景"界面，用户可以长按"场景"图标，对"设置为主界面""重命名""删除此场景"等选项进行设置。"设置为主界面"即将当前所选场景设为用户的主场景（图2-22），当退出软件，并再次进入时，系统会直接进入所选场景，方便用户的使用。

图 2-22

(5) 当然也可以取消主界面设置或设置其他场景为主界面；"重命名"选项即为当前场景重新设置名称；"删除此场景"则表示删除当前场景，删除场景不会导致遥控器数据被删除（图2-23）。

注意：其他同类遥控软件的操作方法类似。

由于苹果手机没有自带红外线功能，所以在使用这类遥控软件时，只能连接有WiFi功能的智能电器。

图 2-23

【跟我学】蓝牙的辐射并不大

前面说过"WiFi 的辐射并不大"的问题，那么蓝牙呢？现在越来越多的人喜欢使用蓝牙耳机听歌、打电话，那么与 WiFi 同属无线传播工具的蓝牙的辐射与 WiFi 相比会不会更大呢？

国际卫生组织和 IEEE 的专家组曾对蓝牙的辐射问题做过检测，在检测中蓝牙产品的辐射仅有 1 毫瓦，是微波炉使用功率的百万分之一，是移动电话功率的千分之一，而且，这些输出中也只有一小部分被人体吸收。所以，蓝牙对人体的辐射较之直接用手机接听电话和使用传统连线耳机而言，都更为安全，属于辐射免检产品。

2.2 智能电视，您的信息窗口　　　＋

电视，从 1925 年发明至今，从最初少数人使用的"奢侈品"到出现在千家万户中，已经成为大众接收外在信息的重要平台。

现在，利用掌上电子产品，例如，平板电脑、手机等，能观看到很多即时的新闻和资讯。其实这一切，电视也能做到，本节主要来讲解如何让电视变得更加智能（图 2-24）。

图 2-24

2.2.1　机顶盒 + 网络 = 智能电视

机顶盒现在很多家庭都在用，在安装电视的时候可以一起安装好。本节主要讲解如何操作机顶盒来连接网络，以获取更多的视频资源和更好的观影享受。

机顶盒获取网络资源有两种办法，①利用网线连接路由器来连入网络；②利用无线网络进行连接。

先讲第一种方法，利用网线连接路由器来连入网络。

只需要将网线插到机顶盒上（图 2-25），然后再将网线另一头插入路由器（图 2-26）。

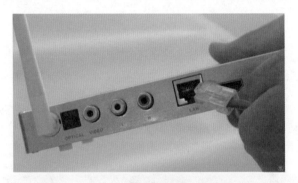

图 2-25

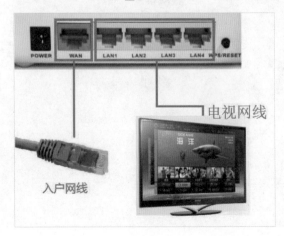

图 2-26

第二种方法是，利用无线网络进行连接。首先，要确保计算机有 WiFi 连接功能。

将电视打开，切换到"系统设置"界面，在"网络设置"中将 WiFi 打开（图 2-27），然后找到自家的无线网络并进行连接（图 2-28），输入 WiFi 密码后即可连接上网络（图 2-29）。

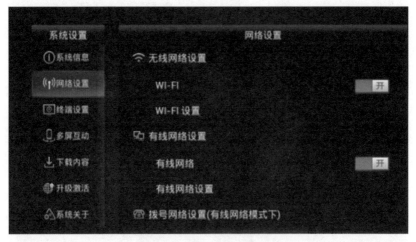

图 2-27

图 2-28

图 2-29

　　网络连接好后，现在回到菜单页是不是就不一样了？利用网络，现在可以享受更多的资源（图 2-30），有最新的电视直播，也有海量的电影资源，可以满足不同人群的要求。

图 2-30

⬤ 2.2.2　智能应用电视剧随便看

　　智能电视在连接网络后，可以观看互联网上海量的影视剧集，老年朋友们可以根据自己的喜好来选择想看的电视剧和电影等。

(1) 首先，使用遥控器在"应用商店"中下载一个影视点播软件（图 2-31）。

图 2-31

(2) 安装并打开下载好的影视点播软件后，在界面中会推荐一些目前比较热门的电视剧和电影等（图 2-32），如果有喜欢的节目就可以直接点击观看，如果想要观看的电视剧不在该界面中，可以使用搜索功能，搜索想要观看的节目。

图 2-32

(3) 点击"搜索"，在搜索栏中输入电视节目名称的首字母即可（图 2-33），如：《X 战警：天启》，则输入 XZJTQ。

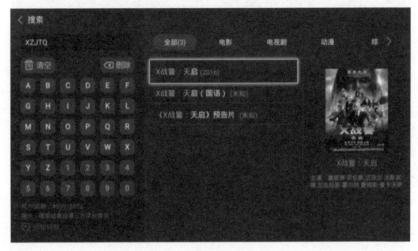

图 2-33

⬤ 2.2.3　收费资源扫一扫就可以

目前，网上有很多节目资源是可以免费观看的，但是有些软件公司独家的资源或者最新的电影资源会要求支付一定费用才能观看。遇到这种情况时，如果比较有耐心，可以等该资源不太热门的时候再去观看，这样就不需要付费了。当然，如果想马上观看，那么也可以通过扫描付费二维码来付费观看。

(1) 在遇到收费的剧集时，在点击"观看"后会直接跳转到收费页面（图 2-34）。

图 2-34

（2）这时拿出手机扫描二维码后，可以在手机上通过提示操作完成支付，再次点击"刷新余额"，这样就完成了充值。再次点击想要观看的电视节目即可直接观看。

2.2.4 怎么回看直播节目

人们有时会因为各种事情出门，导致无法在家中收看一直在"追"的电视剧或者错过一些新闻，如果是以前的电视那么可能就需要等待第二天电视台重新播放的时候再看，如果电视台不重播，那么很可能错过就是错过了。但是，如果使用智能电视，无论何时都可以观看想看的电视节目。

首先，在数字电视遥控器上按下"首页主菜单"键，进入主菜单（图2-35）。

图 2-35

在直播电视的菜单栏中找到"回看频道"选项，使用遥控器按下"确定"键，这时则会进入下一个页面，其中有各大电视台在不同时段播放的电视节目，先选中想要观看节目的电视台（图2-36）。

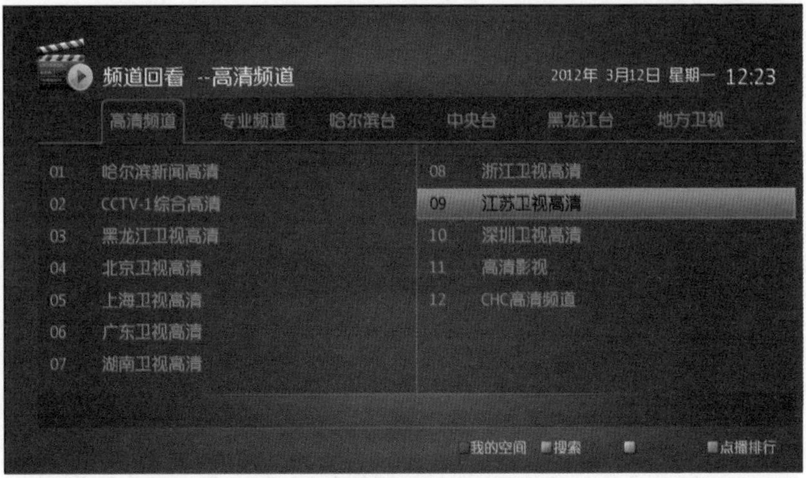

图 2-36

在跳转页面后，再选中相应的电视节目（图 2-37），这样就能回看之前的电视节目了。

图 2-37

注意：在收看节目时，按下遥控器的"上页"键能使节目快进播放；"下页"键能使节目快退播放；中间的蓝色按键能使节目暂停或者重新播放（图 2-38）。

图 2-38

◖ 2.2.5　普通的电视频道应该怎么调

在看久了网络电视后，对于有坚持收看时事新闻习惯的老年朋友还是需要回到普通的电视频道收看实时新闻节目的，那么，怎么将电视调回普通的电视频道呢？

(1) 首先在遥控器中找到"信号源"按钮，按下该按钮电视会进入"选择信号源"界面（图 2-39）。

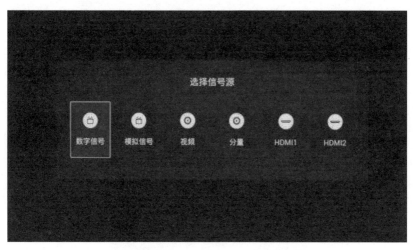

图 2-39

(2) 选择"数字信号"，则可以观看普通电视频道（图 2-40），再选择想要收看的频道就可以了。

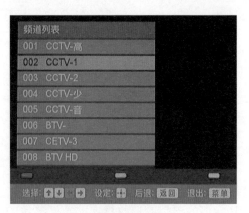

图 2-40

【跟我学】机顶盒的续费与网费的缴纳

1. 机顶盒续费

当机顶盒的费用到期后，电视画面就会变成一片漆黑，无法正常收看电视节目。这个时候就要去广播电视营业厅缴费（每个地方的营业厅都会有所不同，并不是全国统一的），所以一定要从机顶盒中拿出磁卡，仔细观看上面的营业厅名称，然后携带磁卡前往相应的营业厅办理即可（图 2-41）。

图 2-41

在营业大厅中可以直接寻找业务经理，说明自己想要办理的业务。一般业务经理在了解了您的需求后，会让您填写一张申请单，然后在叫号机上拿一张号码单，此时就可以坐在大厅专门设置的座位上等待，等叫到所拿号码时，将之前填好的申请单和磁卡一同交给营业员办理续费即可。

2. 网费缴纳

目前网费的缴纳有两种方式，一种是通过拨打当初办理宽带的电话，会有专人上门服务；还有一种是在网上缴费。第一种方式对于老年朋友来说是非常方便的，但是由于上门服务的时间可能会有所延迟，在一般情况下是一名营业员负责一个地区的网费缴纳，所以在业务比较忙的时候，营业员上门的时间就不会那么及时。因此，选择网络缴费也是一种比较好的选择。

(1) 打开计算机的网络浏览器，搜索所使用的宽带官网（图 2-42）。

图 2-42

(2) 进入网上营业厅，先登录账号，选择宽带选项后，右侧的界面中就会出现"宽带续约"的选项（图 2-43）。选中它并使用网上银行缴费即可。

图 2-43

2.3　清洁打扫，智能产品来帮忙

现在，为了改善大家的生活品质，减轻生活负担，市场上出现了大量的清洁型智能产品，例如，吸尘器、扫地机器人、拖地机器人、擦窗宝、洗碗机、吸尘器、智能洗衣机等（图2-44）。

图 2-44

2.3.1　吸尘器的操作与保养

吸尘器在现代家庭生活中非常普及，而且吸尘器操作简单，属于拿上手就可以直接使用的产品。但是，在吸尘器的使用过程中有些需要注意的地方可能很多人并不了解。

在使用吸尘器时需要做两个检查，首先检查清扫环境，如果比较脏乱，在使用前最好先进行整理，将大件物品移动到不需要清扫的地方，地面上如果有大颗粒的垃圾，也可以先清扫掉，这样就可以避免吸尘器在使用过程中出现卡住的现象；其次是对吸尘器进行检查，检查吸尘盒和吸尘袋内是否有没有清理掉的垃圾。针对有线吸尘器还要保证用电安全，无线吸尘器则检查是否电量充足（图2-45）。

图 2-45

在使用过程中，建议使用时间不要过长，尽量在两个小时内完成清扫，这样对吸尘器的电机会比较好。在吸尘过程中避免吸入烟头和金属垃圾，非干湿两用的吸尘器避免吸入水渍。在使用后，一定要对吸尘器的吸尘盒、吸尘袋和吸嘴进行清理（图 2-46）。

图 2-46

2.3.2　让扫地机器人解放双手

扫地机器人应该是现在比较流行的清洁工具，它不同于吸尘机需要人为操控，它可以自行对清扫房间进行规划，选择不同模式对房间进行清扫，甚至当人不在家的时候可以选择网络远程对它下达指令或者使用定时功能，让它在家完成清扫工作。那么，我们该怎样使用扫地机器人呢？

(1) 首先在家中选择一个靠墙、有插座的地方来放置扫地机器人的充电插座，这样它在清扫完或快要没电时会自己回到充电座上充电（图2-47）。

图 2-47

(2) 可以根据需求来选择清扫方式，扫地机器人都有很多种清扫方式，例如，定时清扫、预约清扫、定点清扫等。在清扫过程中，无须对扫地机器人进行人工干预，如果是较低的地方扫地机器人进不去，可以选择移动或者抬起物品。在清扫完后，取出扫地机器人的尘盒，将尘盒中的垃圾倒掉即可（图2-48）。

图 2-48

⬤◯ 2.3.3　擦玻璃机器人也很好用

　　大家都喜欢既明亮又宽敞的空间，所以很多人家中的窗户都会比较多，但是对于窗户的清理打扫可是一件麻烦事，窗户上的水渍无论怎么擦都擦不干净，还有一不小心就粘上的指纹和尘屑，让人打扫起来感到非常吃力，更不用提老年朋友了。现在市场上推出的擦玻璃机器人（图 2-49）则很容易就解决了这个问题。

图 2-49

　　擦玻璃机器人虽然好用，但是在使用的过程中需要特别注意以下几点。

（1）擦玻璃机器人要进行室外作业，所以在使用中一定要记得拴上安全绳。这样即使发生意外，擦玻璃机器人也不会掉下去，摔坏设备或砸到行人。

（2）擦玻璃机器人有超强的磁力，在使用中要小心夹到手。尽量不要靠近磁条或者磁性记录装置。

（3）不要对主机喷水。

（4）移除玻璃上的障碍物，不要在破损的玻璃上进行清扫。

⬤◯ 2.3.4　智能洗碗机，保护好双手

　　中国人讲究饮食文化，然而每次吃完大餐后留下的一大堆碗，也就成了一个问题。尤其是老年朋友，洗碗的过程中需要一直弯着腰，往往洗碗后就觉得腰酸背痛得受不了。而现在已经在慢慢普及的智能洗碗机就能很好地解决这个问题。

(1) 在吃完饭后，将碗里的大块残渣先丢到垃圾桶中，然后再将碗倒扣着放进洗碗机中（图 2-50）。

图 2-50

(2) 在洗碗机的清洁剂添加槽中添加专用洗碗剂（图 2-51）（洗碗机中需要用到的洗碗剂是专用的，不能使用普通的洗洁精）。

图 2-51

(3) 针对碗的油渍程度可以选择不同的清洗方式，一般的家庭日常洗碗可以使用节能洗或者智能洗，油渍比较重的碗可以选择强快洗等（图 2-52）。最后，等待洗碗机运行结束即可。

图 2-52

可能很多老年朋友都会担心洗碗机太费水、太耗电、洗不干净
餐具等问题，其实，已经有很多调查机构进行过测试，用洗碗机远
远比手洗更省水，另外洗碗机的烘干和消毒功能，也比一般的消毒
碗柜更省电。

◖◗ 2.3.5　智能洗衣机的模式设定

洗衣机应该是家中最常见的一件大型电器，夏天轻薄的衣物还
能用手洗，但是春天的外套、秋天的毛衣、冬天的棉衣，直接用手
洗很难洗干净，洗起来还非常费力。而现在推出的智能洗衣机则不
仅能够洗干净衣物，还能针对衣物的不同材质选择合适的洗衣模式
（图 2-53）。

图 2-53

只需要旋转旋钮，然后按下相应的按钮即可完成洗衣机的启动操作。

注意：洗衣机长时间使用后，在洗衣机内筒中会残留很多污垢，导致衣服怎么洗也洗不干净，这种时候就可以选择"洁桶洗"模式，让洗衣机对内筒进行清洗，之后再洗衣物，就不会有洗不干净的问题了。

【跟我学】不要让小孩子靠近这些电器

现在的社会中，由于父母双方都要上班，而让老人帮忙照顾小孩子的家庭不在少数，所以老年朋友在和小朋友做游戏的时候也要注意，这几类电器一定要避免小孩子靠近，以免造成危险。

1. 洗衣机

近几年小孩子因为好奇爬进洗衣机内筒中而出现危险的新闻经常看到，小孩子可能不认为洗衣机有什么危险，于是在玩闹的过程中会爬进洗衣机的洗衣桶中，但是爬进去了就很难爬出来，而且如果是较小的小孩爬进洗衣机中，这时如果不小心启动了洗衣机就会酿成一场灾难（图2-54）。

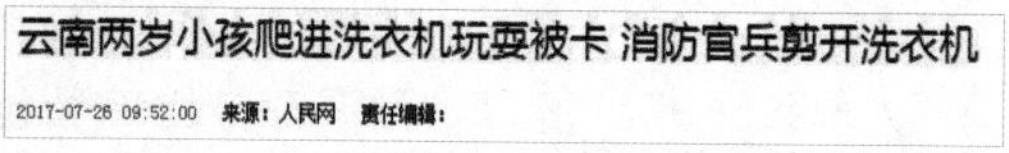

> **云南两岁小孩爬进洗衣机玩耍被卡 消防官兵剪开洗衣机**
> 2017-07-26 09:52:00 来源：人民网 责任编辑：

图2-54

2. 电磁炉

电磁炉在使用的过程中，在其面板上会产生高温，这种热度和可见的明火不同，是看不见的，一不小心碰到就会引起烫伤。所以，电磁炉在使用后需要尽快收纳起来，或者放到儿童碰不到的地方（图2-55）。

图 2-55

3. 浴霸

冬天由于天气原因很多家庭洗澡时都会开浴霸，其实对于小孩子而言，洗澡时最好不要使用浴霸，因为浴霸的光线太强，小孩子的眼睛还没发育成熟，太强烈的灯光直射眼睛会造成视力的损伤（图2-56）。如果害怕孩子感冒、着凉，可以选择开暖风、暖气，这样既不会伤害孩子的眼睛，也能让室内的温度提高。

网易首页 > 新闻中心 > 滚动新闻 > 正文

用浴霸会伤害宝宝眼睛？ 强光影响视力发育

2015-11-11 10:55:20　来源: 中安在线(合肥)

图 2-56

其实，电风扇也属于不要让小孩子靠近的家用电器。小孩子的手指较细小，又比较嫩，很容易就能从旁边的通风孔插进去，而电风扇扇叶在转动起来后会变得非常锋利，很容易割伤手指（图2-57）。

中国网络电视台 > 新闻台 > 新闻中心 >

女婴顽皮　手指伸进电风扇被割伤

图 2-57

第 3 章

护安全，放心出门不用牵挂

 内容摘要

居家安全，这些要学会

用电保护，随时控制开关

实时监控为您保驾护航

滑动解锁

忘记带钥匙出门这种事应该人人都经历过，通常发生了这种事，不是等家里人给开门，就是找开锁公司的人把门打开（图 3-1），但是您找到的开锁公司的人正不正规呢？这又让人产生了另一种担忧，尤其有些开锁公司的人在暴力开锁后，借机说锁坏了或者不安全了，推销他们的锁。这种事情时有发生，又该如何解决呢？

图 3-1

3.1　居家安全，这些要学会

由于很多年岁较大的朋友已经退休在家，有的在家中帮忙照顾下一代，有的和朋友一起跳跳舞、喝喝茶，还有的会出门去旅游。但是，无论选择哪种生活方式，居家安全是一定要注意的，这不仅关系着家庭安全，更关系着生命安全。

3.1.1　新型指纹门锁怎么使用

指纹门锁的出现就正好解决了出门忘带钥匙的问题，指纹门锁是不需要钥匙的，通过指纹识别技术来验证是否为房子的主人，并且如果不是房主，想要打开门锁，在指纹识别失败 3 次后会自动发出警报，并将想要非法入侵的人的影像发送到你的手机上，你可以通过这些信息寻求帮助或报警。

指纹门锁有多种开锁方式，除了在安装好时录入指纹外，还可以使用钥匙、密码、磁卡来开锁（图 3-2）。

图 3-2

在防盗功能上，指纹锁不仅可以检测到指纹是谁的、谁回家了、谁还没到家，还有智能报警功能（图 3-3），可以及时向家人发送警报，以免错过最佳的报警时间。

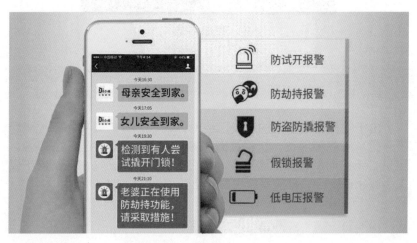

图 3-3

3.1.2 门禁、密码与呼叫开锁

现在很多小区的楼门上都装有门禁系统，使用门禁系统，可以通过密码或者选择房门号进行呼叫打开楼道门锁（图 3-4）。

图 3-4

在使用门禁系统时也要注意几点，首先刷门禁卡时，要听到滴的一声再去开门，以免损坏公物。使用密码开门时，在输入正确的密码后按"#"键确认，才能打开门锁。在未带门禁卡，又忘记门禁密码时，可以使用呼叫开锁，输入房门号后会自动呼叫业主，业主可以选择应答或者直接开锁。当然为避免不法分子尾随，在使用门禁系统开门后，一定要随手关门。

◖◗ 3.1.3　学用视频对讲机开关门

现在一些较为高档小区的门禁系统是有视频对讲功能的，可以通过图像判断来人是谁，从而选择是否给他开门。但是，具体应怎么操作视频对讲机和对方进行沟通呢？

（1）首先视频对讲机在接到呼叫后，按"对话"键可以与来人进行沟通，在沟通过程中可以通过视频对讲机的屏幕观察对方是谁，在沟通完后可以按"开锁"键开锁（图 3-5）。

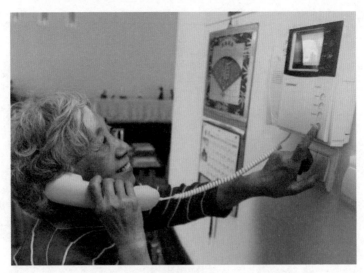

图 3-5

(2) 如果去别人家做客，那么可以在门禁系统上先按对方的楼
号再按房号，在呼叫接通后，即可与对方进行通话，可视
门禁系统上的摄像头会把影像直接传送到对方的可视屏幕
上（图3-6）。与对方沟通后，对方将门打开再进入小区或
楼道，不要使用蛮力开门。

图 3-6

⬤○ 3.1.4　电梯的使用与安全须知

目前的高层建筑都会安装电梯，这对年纪较大的人来说是一件
再方便不过的事情了，但是由于电梯的使用不规范，也造成了很多
因电梯而产生的事故（图3-7），所以，规范使用电梯非常重要。

人民网　人民网 >> 财经

去年全国41人因电梯事故殒命 夺命电梯敲响安全警钟

图 3-7

（1）在候梯间选择上楼或者下楼时按下电梯的"△"或"▽"按钮，当按键灯亮后表示呼叫已经被登记（图 3-8）。如果按错可以再按一次取消登记（如果有该功能）。

图 3-8

（2）当电梯门打开后，应当遵循先下后上的原则，站在电梯门口两侧等待里面的乘客出来后再进入电梯，进出时不要互相推挤。一定不要超载运行，以免电梯发生事故（图 3-9）。

图 3-9

(3) 进入电梯后按下需要去的楼层，电梯检测到门口没人后会在数秒后关闭，这时如果还需要等人进入可以按下"＜＞"按钮，这样电梯门就不会马上关闭，如果没有需要进入的人了，又想让电梯快点运行，可以按下"＞＜"按钮，电梯门会快速关闭，并开始运行（图3-10）。

图 3-10

(4) 在到达目的楼层时，等待电梯停稳，并且完全打开箱门后，再依次走出电梯。切记不要在电梯门的位置停留。

(5) 在电梯突发故障时，按下电梯上的"紧急呼叫"按钮（图3-11）。电梯的呼叫系统会直接接通保安室，保安人员在接到报警后会通过电梯中的呼叫系统与你联系。这时要保持冷静并告诉保安人员电梯停在几层，或者是几层与几层之间，这样可以省去保安人员逐层寻找被困人员的时间。

图 3-11

注意：千万不要自己强行打开电梯门，在很多电梯事故中，强行打开电梯门发生的事故不在少数，冷静地等待保安或者消防人员进行救援，才会更安全（图3-12）。

图 3-12

◖◯ 3.1.5　门上的电子猫眼并不简单

为了防盗或者保存证据，很多人都在家中安装了电子猫眼之类的监控设备。电子猫眼克服了传统光学猫眼的不足和安全隐患，增加了监控方面的功能，是传统光学猫眼的一种升级和替代产品（图3-13）。

图 3-13

传统猫眼是光学成像的，在实际使用中有很多不便之处。例如，视角不够大、观看范围有限、必须贴近门才能看、晚上楼道无灯就不能使用，老年朋友眼力不好、孩子身高不够，都不方便使用。甚至有些人会通过传统猫眼从门外来观察屋内人的活动情况（图3-14）。

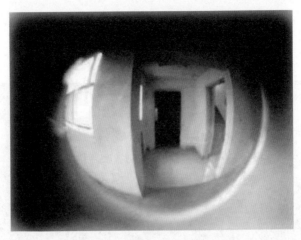

图 3-14

　　而电子猫眼克服了以上各种弊端，并集成了门铃的功能，还加强了猫眼的监控和安全性能（图 3-15）。并且其不仅在来人时进行监控，其实设备可以一直保持监控状态，并实时将监控信息传送到手机或者计算机中。

图 3-15

【跟我学】怎样避免门禁卡消磁

　　现在门禁卡成了回家的第一把"钥匙"（图 3-16），而这把钥匙比较特殊，它拥有磁性，与一些物品长时间接触后会导致其磁性消失，成为一把失效的钥匙。那么，如何才能避免门禁卡消磁呢？

图 3-16

(1) 不要把门禁卡长时间与磁铁或者有磁性的东西放在一起。如：女性皮包的磁扣、其他门禁卡，或者与手机、银行卡等存放在一起，这些都会导致门禁卡消磁。

(2) 不要弯折门禁卡或将门禁卡随意扔在杂乱的包中。这是为了避免被尖锐物品刮花磁条，或者磨损、扭曲磁条。可以给门禁卡穿个"外衣"，避免损坏。

(3) 存放在干燥、常温的环境下。不要将门禁卡放在高温环境中，高温会使门禁卡的 PVC 材质变形，导致芯片或磁条损坏。而长期处于潮湿环境中，则会导致卡片开胶。

当门禁卡已经消磁、不能使用时，可以找小区物业帮忙换卡或者恢复卡的磁性。

3.2 用电保护，随时控制开关   ⊕

　　随着人们生活水平的提高，家用电器也越来越多，在用电上也就越来越要注意安全。尤其在家中有小孩儿的情况下，他们的好奇心重，稍不注意就可能造成用电事故（图 3-16）。

图 3-17

◖◗ 3.2.1　家庭的电闸与用电安全

　　目前，家中一般在安装电闸时便会一并安装空气开关和漏电保护器，这两者有着非常相似的外形，但是用处却不一样。

　　空气开关（图 3-18）能承受额定的电流，当电器过多电流较大或电路故障发生短路时，空气开关可以立即切断电源，对电路和电器起到保护作用。

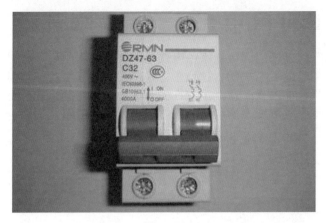

图 3–18

　　漏电保护器（图 3–19），主要是在设备发生漏电故障时，以及在有致命危险的人身触电事故中进行保护，具有过载和短路保护功能，可用来保护线路或电器的过载和短路。

图 3–19

　　虽然有这两个装置可以保护电器和人身安全，但是在平时用电时也要注意线路是否老化等问题，注意不要用湿手去触碰开关，另外尽量不让小孩子接触电器产品，以免因为操作不当发生意外。

◖ 3.2.2　智能插座让您不再劳累

出门前来来回回检查家中电器是否关闭，出门后又时时刻刻担心家中的电器没有关闭，这似乎已经成为中老年人的一种常态，但是现在是智能时代，智能家居在生活中被运用得越来越广泛。小米公司在这一领域就发展得越来越好，小米推出的智能插座，就可以解决担心电器是否关闭的问题（图 3-20）。

图 3-20

（1）首先将智能插座插好，然后打开手机，在手机上下载"米家"软件（图 3-21）。

图 3-21

（2）下载并安装"米家"软件后，在该软件中点击右上角的"+"（图 3-22），弹出"添加场景"和"添加设备"的选项，选择"添加设备"选项（图 3-23）。

图 3-22　　　　　　　　　　　　　图 3-23

(3) 在弹出的设备列表中找到"小米智能插座"，点击该图标即可添加。此时界面中会显示"接通电源，确认设备处于待连接状态"，勾选"黄灯闪烁中"选项，点击"下一步"（图 3-24）。

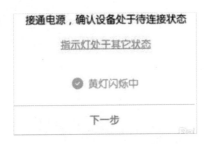

图 3-24

(4) 在出现的界面中选择家用的 WiFi（图 3-25），输入账号和密码后点击"下一步"。这时在下一个界面中软件提示"请将手机 WiFi 连接到'chuangmi-plug_xxx'后，再返回米家App"（图 3-26）。之后先退出"米家"软件，然后进入"设置"界面选择 WiFi，连接 chuangmi-plug_xxx。

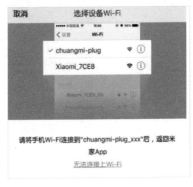

图 3-25　　　　　　　　　　　　　图 3-26

(5) 连接好后，再次进入"米家"软件可以看到正在与插座建立连接（图 3-27）。等待设备连接成功后，可以看到插座上的蓝灯亮起（图 3-28），这样就可以对智能插座进行管理和操作了。

图 3-27

图 3-28

小米插座目前有 3 种功能（图 3-29）：远程开关插座、定时开关插座、倒计时开关插座，接下来对这三种功能分别进行介绍。

图 3-29

- 远程开关插座。无须手机和插座在同一区域网中也可进行操作，这样大大方便了外出的人们对插座进行控制。只需要点击插座界面左下角的开关按钮，即可切换插座的开关状态。

- 定时开关。设置好相应的参数后无须联网，设备会自动执行开关任务。点击界面下方中间的定时按钮，可以设置时间段，在该时间段内插座会自动开启，该时间段外会自动关闭。

- 倒计时开关。与定时开关功能一样无须联网，设定好参数后会自动执行任务。点击界面右下角的定时按钮，并设置时间，例如 3 小时，如果当前是关闭状态，则会在 3 小时后自动开启，如果是开启状态，则会在 3 小时后会自动关闭。

当然不止小米的产品，市场上还有很多智能插座，使用方法都是类似的，具体操作方法可以查看相关的说明书。

3.2.3　儿童安全插座可以避免事故

退休后的老年朋友们在家帮忙带孙儿、孙女的不在少数，但是怎样才能不让家中的电器伤害到小孩呢？（图 3-30）小孩的好奇心重，又爱到处摸，有时会将钥匙、叉子、勺子这种金属物品或者手指插进插座的孔，从而酿成不可挽回的后果。在这种情况下建议使用儿童安全插座，可以很好地避免相关事故的发生。

图 3-30

目前市场上的儿童插座基本上都是使用阻电材质制成的，将其插入插座孔中（图 3-31），可以避免儿童使用物品插入插座孔中，接触到金属片，导致灾难的发生。

图 3-31

🔘 3.2.4　智能燃气表可以随时关闭

现在的家庭大多都已安装了智能 IC 燃气表，智能型的燃气表是带有液晶显示器的（图 3-32），一般这种表是预付费的，且表内部安装有阀门，在表内还有剩余气量的情况下，阀门一直都是开启的，表内没有剩余气量的时候，阀门才会自动关闭，必须充值才能再次打开。同时，如果确实需要关闭阀门，可以取下电池，这时表内的阀门也会关闭。

图 3-32

3.2.5 触摸开关避免油烟侵扰

在家中做饭油烟会很大，油烟一旦在家中扩散会使家人感到不适，如果家人患有哮喘、咽喉炎、肺炎等疾病，在吸入油烟后会使病情更加严重。所以，在厨房中一定要安装吸油烟机，市场上吸油烟机的种类众多，我们应该如何选择呢？

通常建议选购触摸式吸油烟机，由于做饭时手上容易沾染到油渍，如果使用普通开关式的吸油烟机，很容易将手中的油渍弄到开关的缝隙中，如果不及时清理，开关式吸油烟机的缝隙中藏纳油烟，使用时就会引发火灾、爆炸等伤害事故（图 3-33）。

图 3-33

所以在挑选吸油烟机时，最好选择触摸式开关的吸油烟机（图 3-34）。触摸式面板的吸油烟机由于是使用一整块触摸屏，所以能够在最大限度上避免油烟进入开关的缝隙中，也方便更好地清理吸油烟机，避免事故的发生。

图 3-34

【跟我学】随手关闭门禁的重要性

由于社会的发展，大家的生活水平都提高了，所以也越来越重视安全问题。很多人选择购买高档小区的住宅就是因为高档小区对待安全问题会更仔细，对进出小区的人员都会进行逐一核对检查。而普通小区由于没有那么多人力物力对进出小区的每个人都进行排查，所以为了防范外人进入小区，住户楼道间都会安装门禁。近年来陌生人进入楼道中对住户家进行抢劫、偷盗的新闻时有报道（图3-35），所以，在面对安全问题上大家不妨多留个心眼。在打开楼道门禁后，一定要随手关闭，如果有人声称是前来探访住户的，可以请他联系业主，如果无法联系业主，就请物业管理人员进行处理。尽量避免独自和陌生人一起进入楼道或电梯。

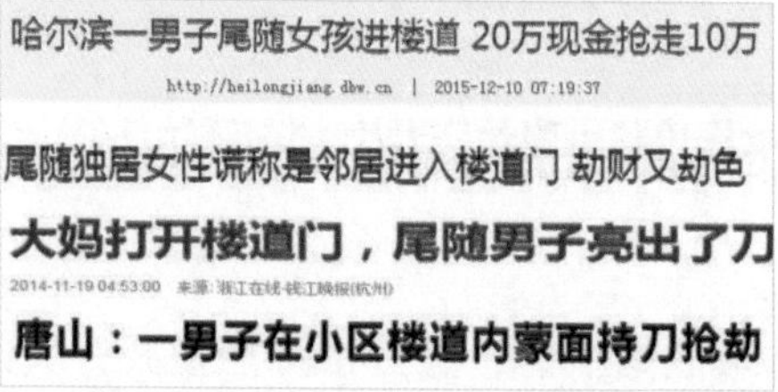

哈尔滨一男子尾随女孩进楼道 20万现金抢走10万
http://heilongjiang.dbw.cn | 2015-12-10 07:19:37

尾随独居女性谎称是邻居进入楼道门 劫财又劫色

大妈打开楼道门，尾随男子亮出了刀
2014-11-19 04:53:00 来源：浙江在线-钱江晚报(杭州)

唐山：一男子在小区楼道内蒙面持刀抢劫

图 3-35

3.3　实时监控为您保驾护航　　　➕

实时监控设备在现在的生活中已经被广泛应用，例如，在城市中的"天网"，就是公安部门的实时监控系统；每个路口安装的"电子眼"就是交警为了治理交通违法行为而设置的实时监控系统（图3-36）。而在家中虽然没有那么大范围，但是也能使用实时监控系统来保障自家的安全。

图 3-36

◖◗ 3.3.1 安装监控设备的必要性

现在进出小超市购买一些生活用品时都能看到超市收银机旁摆放着一台连接监控系统的计算机，超市里的各个角落都能被监控拍得一清二楚，让进出超市的人都能看到，这样可以震慑一些不怀好意的人（图 3-37）。

图 3-37

现在不仅超市中会选择安装监控系统，有一些家庭也会在家中安装民用监控系统。在很多人看来或许有些不可理解，觉得自己生活的一举一动都被拍摄下来，感觉这样的环境有些不太自在。其实，在家中安装监控系统更多是为自己的生活建立一道安全防线，不仅可以震慑图谋不轨的人，还能在万一失窃后提供有力的线索。

监控系统还可以实现在外办事或者出远门时实时观察家中的一切，尤其是家中有小孩，并且请了保姆的家庭，完全可以通过摄像头监控家中的一举一动（图3-38），以免保姆做出伤害小孩的行为；还可以监控到家中的老人是否出现了意外情况，如果一旦出现意外，可以尽早呼叫救护车，以免耽误最佳救治时间。

图 3-38

◐ 3.3.2 远程状况随时查看

很多监控系统目前都支持在手机移动客户端进行查看，360公司出品的摄像头就是其中的一款，它不仅可以在手机上实时查看监控，还能通过手机实现对话、互动以及摄像、拍照等功能（图3-39）。

图 3-39

(1) 安装好智能摄像头后，首先在手机上下载并安装 360 智能摄像机客户端软件（图 3-40）。

图 3-40

(2) 在软件界面中登录 360 账号（图 3-41），如果没有 360 账号可以按照提示申请一个。登录后，点击界面右上角的"+"，添加摄像机（图 3-42）。

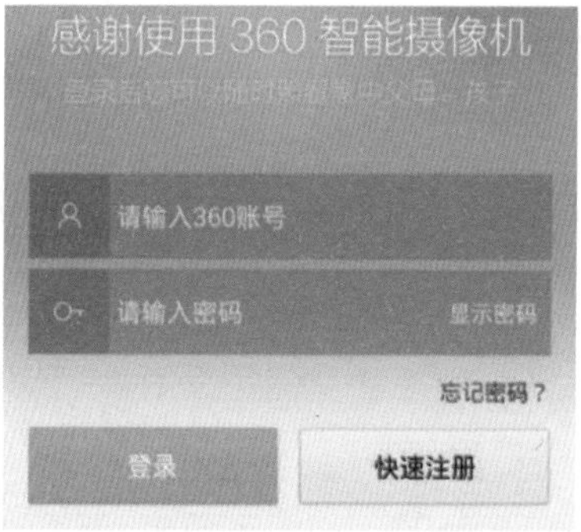

感谢使用 360 智能摄像机

请输入360账号
请输入密码　　　显示密码
忘记密码？
登录　　　快速注册

图 3-41

图 3-42

(3) 点击"连接我的摄像头"按钮（图 3-43），会提示还有 3
步操作，首先等待摄像头的绿灯闪烁（图 3-44）。当绿灯
开始闪烁后点击"绿灯已经闪烁"进入下一步。

图 3-43　　　　　　　　　　　图 3-44

(4) 第二步，连接 WiFi，输入正确的 WiFi 账号和密码（图 3-45），
第三步就是等待摄像头与 WiFi 建立连接（图 3-46）。

图 3-45

图 3-46

(5) 此时即可在软件上查看监控了（图 3-47），该软件不仅可以自己查看，还可以选择与家人分享或者将视频变成直播和大家一起分享。

图 3-47

◖◗ 3.3.3　保存好录像留有证据

　　目前 360 摄像头保存录像的方式有 3 种，第一种，直接在手机中录制视频，然后打开 360 客户端软件，选择"我的摄像机"，在视频画面下方点击"录像"按钮即可（图 3-48）。

图 3-48

　　第二种，直接在摄像头上插入 TF 卡，这样也能智能存储视频（图 3-49）。当然为了视频存储更加方便，在选择 TF 卡时尽可能地选择容量比较大的内存卡。

图 3-49

　　第三种则是通过网络将视频直接上传到云盘中进行云存储，在软件中可以直接设置，但是目前云存储这项功能是收费的，不能免费使用，所以不推荐第三种，相对来说，使用前两种方法会更为经济实惠。

3.3.4　幼儿声控式报警系统有妙用

　　家中有幼儿的家庭，生活重心自然会围绕着小婴儿。由于幼儿太过稚嫩，没有语言表达能力，且行动能力还没成熟，所以时时需要家长陪同在其身边，家长也就只能趁着幼儿睡觉或者自己玩耍的时候去做一些其他的事情。但是如果这个时候与幼儿距离较远，幼儿发生了什么意外家长是很难第一时间知道的。

　　为了避免幼儿出现意外，有的商家推出了幼儿声控式报警器（图3-50）。

图 3-50

　　婴儿声控报警器也属于智能家电，可以实现亲子之间的语言交流，如果在报警器中听到婴儿的啼哭声或者其他的异常响动，家长可以第一时间回到婴儿身边，并且它的摄像头是专门针对婴儿设计的，可以利用手机操控摄像头进行多角度转动，观察婴儿的方方面面（图3-51）。

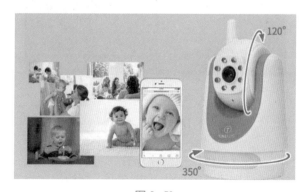

图 3-51

该系统有双向通话功能，有时幼儿迷糊着醒过来，如果没有听到家长的声音便会害怕得大哭起来，如果这时家长的声音在旁边哄一下，幼儿就又会安心地睡去（图3-52）。这也可以使出门在外的家长时刻与幼儿讲话，不错过亲子之间的互动。

图 3-52

在夜晚睡觉时，报警器检测到幼儿床上有声响或者异动，都会向家长发送警报信息，让家长能在第一时间回到幼儿身边，以免造成幼儿啼哭（图3-53）。

图 3-53

🔘 3.3.5　幼儿声控式报警器有妙用

现在，人们的安全意识在慢慢提升，生活中也逐渐开始出现了各种各样的报警器来保障家居生活的安全，例如门窗报警器就是近些年诞生的。门窗报警器将门和门框、窗和窗框连接到一起，如果在设防状态下有人打开门窗，门窗报警器就马上发出警报，一方面可以吓退不法之徒，一方面也能提醒自己，有人进来了（图3-54）。

图 3-54

那么，门窗警报器该如何安装呢？

（1）首先用双面胶把主机固定在门／窗边上，然后把另外一个长条形的磁条以直线方式沿着主机提示线粘在门／窗框上，注意门／窗框磁条箭头与主机侧面标记处应对齐（图3-55）。

图 3-55

(2) 对安装好的门窗报警器进行检查设置时，将主机开关调到ON位置，然后把门窗打开，检验报警器是否会发出警笛声，如发出报警声则表示安装成功（图 3-56）。

图 3-56

【跟我学】视频的导出与保存方法

前面介绍了 3 种视频的存储方法，但是视频要如何导出呢？下面分别进行介绍。

第一种是从手机中导出视频。

(1) 首先，需要先在计算机上下载"手机助手"等辅助软件，然后直接将手机连接到计算机，这时"手机助手"软件会直接检测到手机（图 3-57）。

图 3-57

(2) 单击"文件导出"，选取需要导出的文件和存放的位置，就可以将存储的视频直接导出了（图 3-58），这样可以大幅节约手机的内存空间。

图 3-58

第二种是使用 TF 卡保存视频。

(1) 直接将手机中的 TF 卡取下，并插入读卡器（图 3-59），再将读卡器直接插入计算机。

图 3-59

(2) 此时在计算机中显示的读卡器就和 U 盘一样，可以直接导出视频，也可以将不需要的视频删除（图 3-60）。

图 3-60

　　如果文件存储在云盘中，则将云盘文件直接下载到本地即可，云盘存储根据收费不同，存储时间也不同，所以对有用的信息要及时保存，以免云盘自动删除，导致无法找回。

第 4 章

好环境，智能控制为您创造

 内容摘要

创意电灯，不仅是照明

四季如春，温度决定舒适

不潮不燥，保持柔和空气

滑动解锁

⌄

目前，全球气候变暖，空气质量进一步下降，雾霾天气越来越多。以前大力鼓励人们出门锻炼身体，现在却不再鼓励外出运动，以免因为长期待在雾霾环境中，导致身体出现各种各样的问题（图4-1）。自然环境无法改变，但是在家庭生活中却能依靠智能家电使小环境发生改变。改变生活方式和生活环境，可以让家居生活变得更为惬意、舒适。

图4-1

4.1 创意电灯，不仅是照明

现代社会，人们的生活水平提高，审美和生活情趣也在大幅提升，以前购买物品仅讲究实用，但是现在的商品不仅要实用还要美观。美观的事物出现（图4-2）在生活中不仅可以使生活更精彩，也能让人的心情更加愉悦。对于中老年朋友来说，长期保持愉悦、积极的心态，对生理和心理都会有良好的促进作用。

图 4-2

🌓 4.1.1　用手机控制的蓝牙电灯

有时已经上床休息了才发现原来还有灯没关，或者灯的开关在房间的另一侧，关灯后需要摸黑上床，这对于中老年朋友来说是一件很不方便的事情，针对这种情况，市场上推出了蓝牙电灯，不再需要摸黑，也不需要上床后再下床去关灯。

使用蓝牙电灯，通过蓝牙和手机连接，就可以用手机控制灯的开关，调节灯的亮度等，操作直观、简单，非常实用。目前最新的蓝牙 4.0 技术，可接受 50 米范围内的指令，也就是说甚至可以在进家门前就把家中的灯设置好，也能在家中任意位置对灯进行控制（图 4-3）。

图 4-3

⬤ 4.1.2　会自动节能的人体感应器

"人体感应"这个词貌似离我们的生活很远，其实在生活中很多地方都有人体感应的运用，例如在商场的过道、楼梯间、电梯间等处，为了节能，一般不会一直开着灯照明，而是使用人体感应灯，只有在来人时才会自动点亮灯，从而节约大量能源。当然在家居生活中我们也可以运用"人体感应"这项科技。

例如，在卧室安装的人体感应灯，可以在人们睡着时慢慢调暗再关闭，也能慢慢调亮并最终打开（图 4-4）。

在空调上也能安装人体感应系统，当睡着后或者出门忘记关空调时，它会自动关闭空调；当起床或者回家时，它会自动打开空调。空调在感应到人体所在方位后，甚至可以根据人体所在的位置选择吹风的方向（图 4-5）。

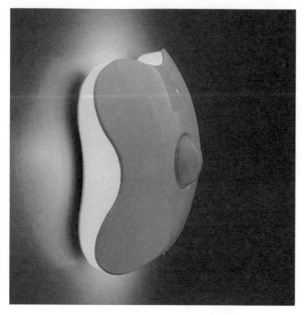

图 4-4

图 4-5

◖◗ 4.1.3　灯光效果可以随意调整

当与家人一起在家中看电视或吃饭时，可以将灯光调整到不同的亮度，从而创造出更加舒适、温馨的环境。惬意、柔和的光线能给人带来好心情，这一切使用智能灯泡就可以做到（图 4-6）。

图 4-6

(1) 首先下载并安装灯泡对应的手机软件（图 4-7），在这里以小米公司出品的 Yeelight 灯泡为例。

图 4-7

(2) 打开软件，选择"Yeelight 白光灯泡"，并进行连接（图 4-8）。

图 4-8

(3) 将灯泡打开（点亮），选择"是"，进行连接（图 4-9），然后输入使用的 WiFi 账号和密码（图 4-10）。此时会跳转到下一个页面，先不要点击"下一步"，需要先进入手机的"设置"界面进行操作（图 4-11）。

图 4-9

图 4-10

图 4-11

(4) 在手机"设置"界面中点击"无线网络"并进行设置，此时选择无线网络列表中以 yeelink-light 开头的 WiFi 网络并进行连接（图 4-12）。在连接成功后返回到之前的软件中。

图 4-12

(5) 在软件的界面中点击"下一步"按钮（图 4-13），软件提醒手机和灯泡正在建立连接（图 4-14），等待连接成功即可（图 4-15）。

图 4-13

图 4-14

（6）点击要控制的灯泡，可以根据不同的需求来控制灯泡的色
　　　彩变幻和明暗度（图 4-16）。

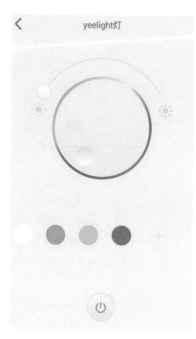

图 4-15　　　　　　　　　　　　　图 4-16

4.1.4　音乐节奏与电灯互动

　　音乐可以给人带来愉悦的享受，如果音乐可以和电灯产生互动，
那么就可以为生活增添更多的色彩和欢乐。目前市场上推出了很多
这类的产品，有用蓝牙或者 WiFi 控制的音响灯，使用串联电路，
可以根据音乐节奏自动调整灯光颜色和亮度；还有可以当作台灯照
明的音乐台灯（图 4-17）。

图 4-17

　　这些灯都可以根据音乐的节奏调节灯光的亮度和色彩，让环境氛围更加多姿多彩。就算是在雾霾天或者阴雨绵绵的天气都能在家跳跳舞、锻炼身体，这些灯的操作一般都很简单。

（1）打开灯和手机的蓝牙，找到需要连接的设备（图 4-18）。

图 4-18

（2）查看找到的其他设备，然后点击需要配对的设备，输入密码，完成配对（图 4-19）。

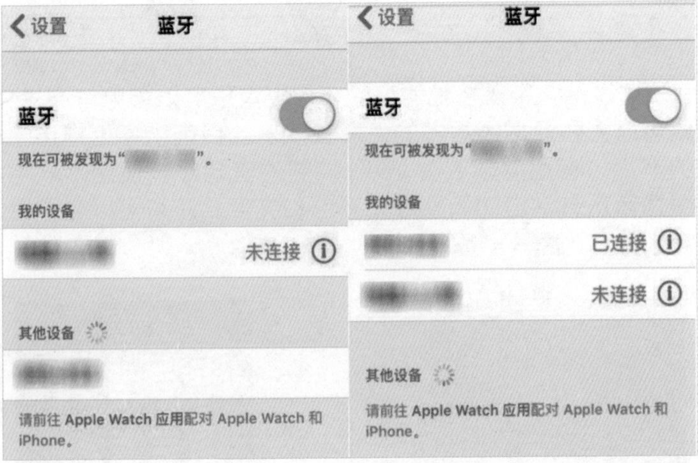

图 4-19

(3) 用手机播放音乐，音乐就会从台灯音箱中播放出来（图 4-20）。

图 4-20

注意：蓝牙的密码如果不是 000000 或 123456，那么可以在说明书上找到。

4.1.5 给您带来健康的生活环境

健康的生活无法脱离干净的家居环境，因此，为了保持健康的生活环境，需要在家居卫生方面多下功夫。在现在的科技时代，想要建立健康的生活环境，可以使用智能家居产品使家居生活环境更整洁、干净。拥有一个干净的生活环境，会降低人的生病概率，使身体更健康（图 4-21）。

图 4-21

在家中各个角落装点一些绿色植物，不仅可以吸收辐射，还可以净化空气，使空气更清新。在家中还可以建立一个休闲区，用来进行一些健康锻炼活动，如跳舞、打太极，做瑜伽和一些伸展运动（图4-22）。

图 4-22

【跟我学】不同颜色的灯光能影响情绪

不同的灯光颜色不仅会影响人的视觉神经，还能影响人的生理、心理感受，进而影响心脏、内分泌机能以及中枢神经系统的活动，所以在家中安装不同颜色灯光的灯对生活是十分必要的。

橙色、黄色的灯光：可以诱发食欲，帮助恢复健康和吸收钙，还可以刺激神经和消化系统。所以，在家中的餐厅一般都会安装暖黄色灯光的灯（图4-23）。

图 4-23

　　蓝色灯光：蓝色是海洋的颜色，是富于想象的色彩，同时也是严肃的色彩，有调节神经、镇静安神的作用。蓝色灯光会让人感到悠远、宁静、空虚等（图 4-24）。所以，患有神经衰弱、抑郁疾病的人的房间不宜大面积使用蓝色，否则会加重病情。蓝色的灯光在治疗失眠、降低血压中有明显的改善作用。

图 4-24

　　绿色灯光：绿色是自然的颜色，代表生命、年轻、安全、新鲜、和平，给人清爽的感觉。绿色灯光能令人感到稳重和舒适，具有镇静神经、降低眼压、解除眼部疲劳等作用，所以很受人们的欢迎。同时，绿色还对眩晕、疲劳、恶心与消极情绪有一定的治愈效果，但长时间处于绿色的环境中，易使人感到冷清，影响胃液的分泌，有可能导致食欲减退（图 4-25）。

图 4-25

　　白色灯光：白色能反射全部的光线，具有洁净和膨胀感。居家布置时可以以白色为主，使空间增加宽敞感。白色对易动怒的人可起调节作用，有助于保持血压正常。但是，患孤独症、精神忧郁症的患者则不宜在白色环境中久住（图 4-26）。

图 4-26

4.2　四季如春，温度决定舒适度

　　在生活中，温度对人很重要，温度太高或太低都会对人体造成危害，很可能诱发疾病。医学专家通过检测发现，最佳室温和睡眠温度都是 20℃，但是四季温度是不可控的，自然环境下的温度不会以人的意志发生改变，不过在家中使用智能产品同样能打造一个四季如春的环境，待在舒适的环境中对人的身体和心理都会有良好的作用（图 4-27）。

图 4-27

◖◗ 4.2.1　电子热水器的温度调节

在洗澡时，我们希望将水温调节到最合适的温度，但是由于很多热水器都是靠旋转按钮来调节水温的，因此很难将水温调节到合适的温度，尤其对老年朋友来说，水温太高或太低都会使人难受，甚至导致生病。使用电子热水器，可以将水温预先调到合适的温度（图4-28）。

图 4-28

目前，市场上大部分电子热水器的出厂预设温度最高为 75℃，如果家中人比较少，或者是在夏天，为了省电节能，可以将热水器的温度适当调低一些。调节方法如下。

将电热水器通电，这时在电子屏幕上会显示电热水器中热水的温度（图 4-29）。要调节温度需要旋转显示屏旁边的温度调节器，上面会有数字显示，转动到合适的温度即可，之后电子热水器会将水自动加热到设定好的温度。

图 4-29

4.2.2　取暖器的多种用途

　　冬天天气寒冷，所以中国北方到了寒冷的冬天就会集中供暖，而南方，由于气温并没有北方那么低，所以没有进行集中供暖。其实，南方的冬天也很冷，所以取暖设备显得尤为重要。取暖器在南方是很常见的一种取暖设备，不同地区有不同形式的取暖器，其主要功能都是取暖，使用方法大同小异（图4-30）。在使用取暖器时，一定要注意保持安全距离，并且随走随关，以免发生危险。

图 4-30

　　在南方，冬天洗一次衣服要等好几天都不一定能干，如果急需该衣物那么这就成了一个问题。这时可以利用取暖器烘干衣物（图4-31），但是要注意衣物不可以直接挂在取暖器上，需要衣物与取暖器保持一定距离，这样才不会引发危险。衣物是易燃物，太靠近取暖器有可能引发火灾，造成不可挽回的损失。

图 4-31

取暖器也能用于除湿，南方湿气大，所以南方的冬天寒冷刺骨，因此很多南方家庭会用取暖器去除湿气，这样也能让人体感觉更舒适。不过住在太过干燥的房间也会让人难受，导致皮肤缺水，嗓子、喉咙也会因为干燥引发炎症等疾病（图 4-32）。所以，最好能在使用取暖器除湿的房间摆一盆水，以缓解空气太过干燥的问题。

图 4-32

4.2.3 空调的预约开机很奇妙

北方的暖气是 24 小时供暖的，家中总是很暖和，需要将外面穿的棉衣、围巾、毛衣等保暖衣物脱掉，才不会觉得热。但是在南方的冬天，室内和室外的温度并没有很大差别，所以回到家的第一件事就是打开空调暖风，让房间暖和起来（图 4-33）。

图 4-33

　　在打开空调等待房间暖和起来的时候，总有一段难熬的时间。设置空调的预约开机，可使空调在主人回家前就自动打开，这样主人回到家时就不会感觉到寒冷了。

(1) 空调预约开机需要使用空调遥控器，预约开机要在空调关闭的状态下进行（图 4-34）。

图 4-34

(2) 按下空调遥控器中的"定时"按钮（图 4-35），这时遥控器的显示屏上就会出现"在几小时后开机"的字样或图标。

图 4-35

（3）按空调遥控器中的调节键（图 4-36），进行时间调节。例如，早上 7 点出门，下午 6 点回家，提前半小时设定开机，则选择在 10.5 个小时后开机。

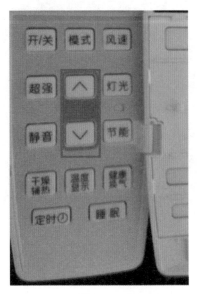

图 4-36

注意：如果在空调开机状态下进行定时操作，则进行的是预约关机的操作。

4.2.4 中央空调自动调节环境

有些家庭会安装中央空调系统，家庭用中央空调每台室内机分别有一个送风口和一个回风口，气流循环更合理，室内温度更均匀，可以保持在 ±1℃的恒温状态，人体感觉会更加自然、舒适（图 4-37）。相比传统家用空调，中央空调往往在制冷速度方面相对慢一些，大约需要 10 分钟，而且偶尔会出现忽冷忽热的情况，在调节室内温度的舒适度方面相对较差。

图 4-37

在温度设定上，中央空调可以保持恒温设定，即将温度一直设定在一个让人体感觉舒服的温度，如果不去调节它，则不会出现温度较大的波动和忽冷忽热的情况。

⬤ 4.2.5 定时烘干设备风雨无阻

每天都要换衣服的人，在寒冷的冬天或连绵的阴雨天气都会非常苦恼，因为衣物无法被晒干，在室内阴干的衣服穿着时使人感觉不舒服，还可能引发风湿性关节炎等疾病。并且，没有经过高温照射的衣物上残留的细菌无法被消灭，甚至可能滋生更多的病菌，对人体的健康造成很大的威胁。

解决这个问题非常容易，只需要在家中准备一台烘干设备即可。目前市场上大部分的烘干机都有着相似的外形和使用方法。

(1) 按照说明书安装烘干设备，安装完成后再用衣架将衣服一件件地悬挂其中，尽量在衣服与衣服之间留有空隙，这样利于暖气的流动（图 4-38）。

图 4-38

(2) 将干衣机的旋转按钮旋至需要设定的时间，这样干衣机就会在设定好的工作时间中工作。设定时间结束后，干衣机也就会自动停止工作。在衣物较多的情况下，可以选择较长的工作时间，当衣物较少时则选择较短的工作时间，这样避免了干衣机由于过长的工作时间浪费电能（图 4-39）。

图 4-39

烘干机使用防水、透气的布料，将暖气留在简易衣柜中，下方的暖气机发出循环的暖气，使衣服一直待在高温环境中，将衣物的水分蒸发掉，使衣物干燥（图 4-40）。

图 4-40

注意：进行烘干的衣物需要提前经过洗衣机的脱水处理，不能直接将还在滴水的衣物进行烘干，否则水滴滴进暖风机会造成暖风机短路等问题。

【跟我学】人体感到最舒适的室内温度

人体的正常体温为 36℃~37℃，人体感觉最舒适的温度是 22.4℃~22.8℃，而且在这一环境温度中，人体的生理功能、新陈代谢水平均处于最佳状态（图 4-41）。舒适温度，是指某一环境在给定人体活动量、衣着热阻值及环境温度的条件下，满足舒适要求的当量温度。舒适温度是人体感觉最舒适、人体表面热负荷为零时，根据范格热方程计算出气流经过的均匀空间温度。

图 4-41

　　此外，在人们的生活中，洗澡水的最佳温度是 34℃ ~36℃；泡茶时开水的最佳温度是 70℃ ~80℃；饭菜与饮水的最佳温度是 46℃ ~50℃，冬季可升到 65％；洗头时水的最佳温度是 50℃ ~60℃；洗脸水的最佳温度夏季为 5℃ ~ 20℃，冬季为 30℃~50℃；洗脚水的最佳温度是 45℃ ~60℃。在这些温度范围内，人体的感受会最舒适。

4.3　不潮不燥，保持柔和空气

　　在家居生活中，除了看不到摸不到的温度会决定舒适度外，湿度过高或者过低也会对生活造成影响（图 4-42）。

图 4-42

人体需要大量的水分，空气中的湿度降低会让干燥的空气易夺走人体的水分，使人皮肤干裂，口腔、鼻腔黏膜受到刺激，出现口渴、干咳、声嘶、喉痛等症状，极易诱发咽炎、气管炎、肺炎等病症。如果空气中的湿度过高，则人体的细胞就会"偷懒"，使人无精打采、萎靡不振，容易患风湿性、类风湿性关节炎等湿症（图4-43）。

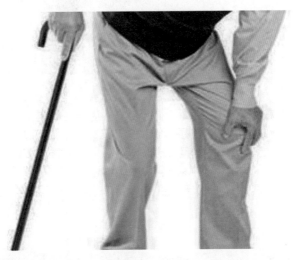

图 4-43

所以在夏季室内制冷时，相对湿度以40%~80%为宜，冬季采暖时，应控制在30%~60%。老人和小孩适合的室内湿度为45%~50%，哮喘等呼吸道系统疾病的患者适宜的室内湿度为40%~50%。因为人体难以感受湿度的高低，所以通常使用湿度计查看湿度。

🔘 4.3.1　电子温湿度计检测挺方便

在日常生活中，判断生活环境的湿度需要使用湿度计，但是，通过标着刻度的湿度计判断具体的湿度对中老年来说比较困难，他们可能要戴上花镜、眯起眼睛才能看清楚。

现在的电子温湿度检测器会将温度和湿度的数值放大显示，并且测量数值相对比较准确（图4-44）。

图 4-44

可以根据电子温湿度检测器的检测结果，利用智能家居产品调节温湿度，使所处的环境最为舒适。

4.3.2　干燥季节加湿器解烦忧

在梅雨或潮湿季节都可以使用暖风机来干燥家居环境，但是家居环境过于干燥也会对健康有危害，尤其在北方集中供暖后，空气中的湿度大幅降低，使家居环境变得非常干燥。太过干燥的家居环境容易引发呼吸系统的疾病，而且温暖、干燥也是许多病毒、细菌滋生、传播的最佳环境。在干燥环境下，家具、乐器容易开裂、破损，人体容易带静电（图 4-45）。

图 4-45

　　可以使用加湿器来缓解家居环境太过干燥的问题。加湿器会增加空气中的含水量，在使用时它将水雾扩散到空气中，从而改善太过干燥的家居环境。当然，在加湿器的使用过程中也有一些需要注意的地方（图4-46）。

图4-46

　　首先，在使用加湿器的环境中不能有过多的灰尘和杂质，否则加湿器将空气变湿润后附着在灰尘上的细菌也会随之繁殖、扩散。最好能在使用加湿器前通风换气，每次通风换气时间达到20分钟为最佳（图4-47）。

图4-47

其次，给加湿器注入的水需要每天更换，这样避免细菌在水中滋生后通过加湿器扩散到空气中，尽量做到一周清洗一次加湿器。同时，给加湿器注入的水不能是自来水，自来水的水质较硬而且含有多种微量元素，通过加湿器雾化成水雾被人体吸入后，可能会刺激呼吸道粘膜，诱发疾病（图 4-48）。

图 4-48

最后，不要经常长时间打开加湿器，这样会导致空气中湿度过高，长期处于潮湿空气中对人体也有不小的损害。

4.3.3　潮湿季节抽湿器来处理

冬天过后，南方便迎来了梅雨季，天气开始变得温暖而潮湿，这个时候再使用取暖器进行除湿，显然不太适合。但是房间里的墙壁开始冒出小水珠，地板上也一直是湿的，不仅不卫生，而且对于老年朋友来说很容易摔倒（图 4-49）。

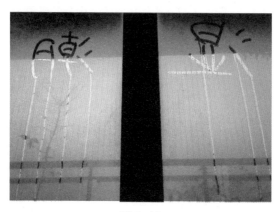

图 4-49

在这种情况下，家中需要除湿。针对这种情况，很多厂家在市场上推出了除湿器，对家居环境进行除湿（图4-50）。

图4-50

在使用抽湿器时需要注意，其摆放位置不要让进风口和出风口被堵住，而且在抽湿器使用一段时间后，需要对风口进行清洗，这样才不会导致风口被灰尘、杂质堵住。

4.3.4 "播放"味道的智能香薰机

智能香薰机的外形和加湿器很相似，但是在功能方面却和加湿器大不相同。香薰机也能释放出水雾，但是和加湿器的水雾不同。在加过精油后的香薰机释放出的水雾中产生的冷雾能100%散发并保持精油的活性成分，使精油更容易被人体完全吸收，从而发挥出最大的功效（图4-51）。

图4-51

香薰机释放出的冷雾不仅可以使室内空气变得更加清新，而且精油香气还可以提神醒脑，在看书、工作一段时间后，使用香薰机来清醒头脑，也会让人感到放松和舒适。

◖◗ 4.3.5 空气净化器洁净好心情

近几年，雾霾天气加重，人们在日常出行中需要带上专业防雾霾的口罩才能减少雾霾的吸入。在家中，我们自然不愿意带上口罩，可是如果不带上口罩，在家中也会吸入大量的雾霾。由此，空气净化机慢慢出现在越来越多的家庭中（图 4-52）。

图 4-52

空气净化机不仅可以除雾霾，而且也可消除新装修房间中的异味和涂料中的有害气体。目前的空气净化机为了使用更方便，大多设定了一键启动和手机控制系统，利用手机就可以对空气净化机的功能进行设定（图 4-53）。

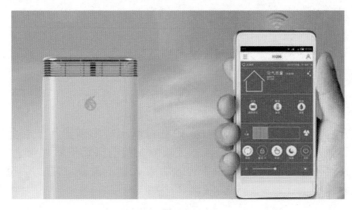

图 4-53

【跟我学】为什么卧室不适宜摆放植物

　　很多老年朋友退休后喜欢在家伺弄花草，这些花草摆放在家中确实给家中增添了不少颜色，在供人观赏的同时也能使人放松心情（图 4-54）。虽然这些植物给人带来轻松的心情和美观的环境，但是在卧室中并不适宜摆放植物。

图 4-54

　　因为，在白天植物进行光合作用时，会放出氧气、吸收二氧化碳，这样确实能帮助家中净化空气，但是在夜间，植物不进行光合作用，而是和人一样吐出二氧化碳、吸收氧气。这样不仅没有净化空气，反而会使空气质量下降。对人体而言，吸入大量的二氧化碳不仅会使身体感到不适，严重的还会因为吸入过量而造成身体不适甚至中毒，故而植物应尽量摆放在通风较好的房间内（图 4-55）。

图 4-55

第 5 章

保健康，提高您的生活质量

 内容摘要

温馨家庭，从一顿饭开始

电子医生随时监测健康

锻炼身体，需要科学指导

滑动解锁

　　社会越来越进步，人们对生活的要求也越来越高。各种高科技产品的出现，促使着中老年朋友去学习、去使用这些产品，尤其是一些生活常见家用电器，利用好它们不仅能提升自己的生活品质，也能使自己更省心省力（图5-1）。

图 5-1

5.1　温馨家庭，从一顿饭开始

　　"一天之计在于晨"，这是众所周知的一句俗语。美好的一天从早晨开始，而早晨要从早餐开始。大家都知道，不吃早餐对身体的伤害非常大。那么，早餐怎么吃？吃什么才对身体最好（图5-2）?

图 5-2

◖◗ 5.1.1　为家人"预约"早餐

　　早上，家人上班的上班、上学的上学，行动都很匆忙，更别提有时间坐下来等老人为他们准备好早餐了，急急忙忙地就出门。他们可能在外面随手买个早餐或者直接就不吃了，但是外面的食物不一定干净、卫生，而且不吃早餐容易得胃病，这样不仅伤害了自己的身体还会使家人为其担心。所以，如果能使用家中厨房电器的"预约"功能，这样早上起来就能有香喷喷的早餐，不用再早起急急忙忙地开始准备了。

　　下面为大家介绍几种厨房电器的"预约"功能。

（1）豆浆机。可以在晚上就将豆子和水一起放进豆浆机中，选择要制作的豆浆种类，按下"预约"键，并设定好时间。例如，如果是晚上 10 点放入豆子，早上六点开始打豆浆，那么设定的时间就是 8 小时。设定好时间后，豆浆机会在 8 小时后自动开始工作（图 5-3）。

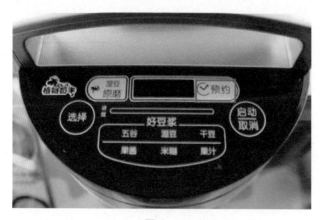

图 5-3

(2) 电饭煲。将淘好的米和水放进电饭煲中，功能选择为"煮粥"，并按下"预约"键，然后用"+"键或者"-"键对时间进行设定，设定好预约时间后，按下"开始"键即可。这样早上起来就能喝到香喷喷的粥了（图 5-4）。

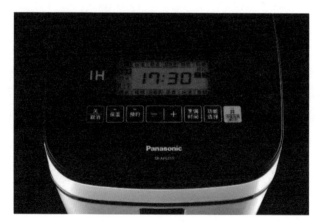

图 5-4

(3) 电炖锅。电炖锅不仅可以用来炖各种骨头汤，而且可以用来炖牛奶、炖燕麦等适合当早餐的食品。将食材放入电炖锅中，选择自动挡，直接开始用慢火炖，等食物炖熟后会自动转为小火对食材进行保温，这样炖出来的食物会更软烂、更入味。当然也可以设置预约时间，操作方法和电饭煲类似（图 5-5）。

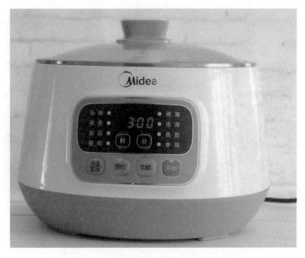

图 5–5

　　注意：其实很多厨房电器都有"预约"功能，而它们的使用方法都是类似的，可以互相参考。

5.1.2　豆浆机与搅拌机的使用

　　之前介绍了如何使用豆浆机的"预约"功能来为家人准备早餐，但是豆浆机不仅"预约"功能很好用，其他功能使用起来也非常方便（图 5–6）。

图 5–6

(1) 将豆子和食材洗干净放入豆浆机中，加入适量的水，如果是提前泡好的豆子则可以选择"湿豆"模式，如果没有时间来泡豆子，则可以直接使用"干豆"模式，打出来的豆浆也一样香醇（图 5-7）。当然，如果不打豆浆，也可以做适合幼儿吃的米糊或者果酱。

图 5-7

(2) 按下"启动"键，直接开始打豆浆，当豆浆机停止工作，并发出"滴滴滴"的警报声时，豆浆就打好了（图 5-8）。

图 5-8

搅拌机和豆浆机不同，它可以将食材根据需要搅碎，能将食物研磨成粉，也可以制作各种不同的果汁（图 5-9）。

图 5-9

(1) 在使用搅拌机制作果汁前，需要先对水果进行一些处理，将水果全部洗干净并切成小块（图 5-10），否则，搅拌机可能在运行的过程中被大块的水果卡住。

图 5-10

(2) 将搅拌机的刀片装入搅拌杯中，然后再将切碎的水果倒进去，最后安装到搅拌机的主机上（图 5-11），此时按下主机上的"开始"按钮，即开始制作果汁。

图 5-11

注意：在每次使用后一定要对机器进行清洗，这样可以避免食物残渣留在机器内，滋生细菌。

搅拌机一样可以打豆浆，不过由于搅拌机没有加热功能，所以豆浆打完后需要煮熟才能食用。

◯ 5.1.3　烤箱与微波炉有区别

烤箱和微波炉的外观非常相似，价格也差不多，两者的功能都是给食物加热。虽然它们有这么多相似点，但还是有所不同（图 5-12）。

烤箱

微波炉

图 5-12

(1) 烤箱和微波炉的加热原理是不同的（图5-13）。烤箱的加热原理是让电阻丝通电变热，使电能转化成热能，使箱体内的温度提高，继而对食物进行烘烤加热，这个过程是由外至里的。微波炉的加热原理是通电后，电能变成微波，通过炉内的空气传播到食物，然后使食物内部每个分子都进行热运动，从而使食物变热，这个过程是由内至外的。

图 5-13

(2) 烤箱的加热方式不会破坏食物原有的味道，最大限度地保留食物中所含有的水分和营养成分，烹制的食物外焦里嫩，所以烤箱烤制的食物用时会比较久；而微波炉的主要功能是快速翻热，但在加热过程中食物本身的水分及营养成分会丧失（图5-14）。

图 5-14

(3) 虽然这两个电器都有加热功能，但是微波炉更加注重快热，也就是说，当需要快速加热食物时，选择微波炉是最好的；当烘焙蛋糕、面包时，选择烤箱更适合。

可以根据自己的需求，选择适合自己的电器。如果家中同时拥有微波炉和烤箱，则可以针对不同的食材分别使用。

5.1.4　冰箱结冰的常见处理方法

冰箱由于需要产生低温才可以对食物进行保鲜，所以在长时间不清理冰箱时，冰箱内会结上一层厚厚的冰，这些冰占了冰箱的很多储物空间，而且冰里还有大量的细菌，如不小心掉进菜品中，菜最好就不要再食用了（图 5-15）。

图 5-15

冰箱结冰后，是不是需要使用买冰箱时送的冰铲对冰进行清除呢（图 5-16）？

图 5-16

　　其实大可不必这么麻烦，因为这项工作需要花费大量的时间和精力，也不一定能完全清除冰箱中所有的冰。要清理冰箱中的冰，不妨试试下面的方法。

（1）首先切断冰箱的电源，这样才能保证操作中的安全。然后将冰箱中的食材全部清理出来，将冰箱清空后，在冰箱中放几碗热水（图 5-17），冰箱中的冰在吸收了热水的热量后会快速融化、脱落。最后将脱落的冰块和冰水清理干净就可以了。

图 5-17

（2）如果冰箱中的抽屉已经被冰全部冻住，完全无法打开，可以使用吹风机，打开热风挡对着冰箱的冰吹，这样也会加快冰融化的速度（图 5-18）。

（3）冰箱除冰后，可以在内壁上薄薄地抹上一层食用油，这样在以后使用冰箱时会减少冰霜与冰箱之间的吸附力，即使产生了冰霜，也不需要多费力气就可以将冰霜清除（图 5-19）。

图 5-18

图 5-19

🌓 5.1.5　多功能吸油烟机的调节方法

为了健康着想，很多人都选择在家做饭，尤其是中老年朋友。在外吃饭不仅对卫生担忧，而且外面餐馆为了使菜品口味更好，会使用大量的味精、盐和油。长期吃重油、重盐的食物会给身体造成很大的负担。如摄入过多的油、盐，无法及时排出体内，则容易诱发高血压等疾病。所以为了健康，在家做饭无疑是最好的选择，这样可以针对个人需求减少对油盐的摄入。

在家做饭，油烟确实很大，所以几乎家家户户都会安装吸油烟机，但是吸油烟机针对现代家庭推出的多种功能您都会使用吗？

(1) 自动清洗功能：目前中高档的吸油烟机都有自动清洗功能。当使用一段时间后，吸油烟机内部会积攒很多油污，采用人工清洗将花费大量的时间和精力，而使用吸油烟机的"一键清洗"功能将会省事省力。目前市场上还有带有计时功能的吸油烟机，在检测到吸油烟机使用了 30 个小时之后，会自动提醒用户需要进行清洗（图 5-20）。

图 5-20

(2) 自动增压功能：在居民楼中，吸油烟机的通风烟道都是公共烟道。带有自动增压功能的吸油烟机可以根据检测到的烟道中的压力进行增压操作，增大吸油烟机的排风量，使其吸力更强，也杜绝了其他住户的油烟进入自己家中（图5-21）。

图 5-21

- 智能换气功能：在开启时能吸入厨房中的有害气体，并进行智能换气，保持家中的空气清新，尤其是开放式厨房，这项功能会非常实用。在做完饭后关闭吸油烟机时，还可以使用延时功能，这样在人离开厨房后吸油烟机还能再继续工作 3 分钟～5 分钟，以便吸走所有的油烟（图 5-22）。

图 5-22

【跟我学】家里闻到燃气味该如何处理？

在家中闻到燃气味，很有可能是家中有燃气泄漏了，这时的处理工作一定要小心谨慎，这样才可以避免引发火灾，避免不可挽回的失误。

(1) 首先要关闭煤气的总阀门，停止煤气的继续泄漏。在这个过程中禁止一切可以引发火花的行为，因为当空气中燃气浓度达到一定程度后，任何的小火花都可以引发爆炸（图 5-23）。

图 5-23

(2) 在关闭燃气阀门后，不要使用抽烟机或者排气扇排出燃气气体，因为电器产品在启动时，很有可能产生电火花，这样也会引发爆炸（图 5-24）。

图 5-24

（3）迅速打开门窗，让新鲜空气进来，这样可以大幅降低室内燃气的浓度，也可以使用扇子，加速室内空气的流动速度，使燃气尽快从屋内扩散出去（图 5-25）。

图 5-25

（4）对燃气漏气处进行排查，如果不是因为忘记关闭燃气而引发的漏气，在室外拨打燃气公司的电话，让燃气公司的工作人员对燃气泄漏点进行排查处理（图 5-26）。

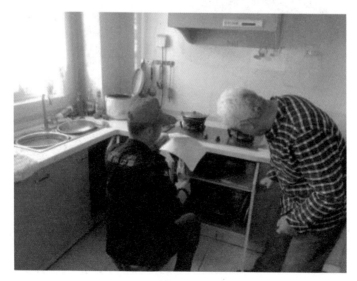

图 5-26

5.2　电子医生随时监测健康

　　"看病难"这个问题似乎一直都围绕着中老年朋友，在医院里人山人海，每做一次检查都需要排队。通常在医院看一次病就要往医院跑三四趟，这对于中老年朋友来说既麻烦又费时间。如果有位医生能在家对自己进行检查那该是一件多么好的事呀。但是，请医生上门需要一笔不小的费用。其实，现在市场上为了缓解医疗压力，也研发了很多电子产品可以帮助老年朋友随时监测健康（图5-27）。

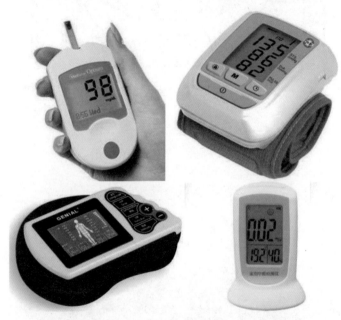

图 5-27

5.2.1　甲醛检测仪的使用方法

　　房子装修后，造成最大污染的就是甲醛，甲醛可引起呼吸道和神经系统的疾病，出现咳嗽、咽痛、胸闷、头晕恶心、四肢无力、呼吸困难、嗜睡等症状，更为严重的会诱发鼻癌、咽喉癌、皮肤癌和白血病等重大疾病。在日常生活中，可以开窗透气，但是如果需要开空调或晚上睡觉时，还是要关闭门窗，所以我们需要知道房间中甲醛到底有没有超标。

（1）首先给甲醛检测仪装上电池，然后按开机键打开检测仪（图 5-28）。

图 5-28

（2）检测仪在开机后自动开始检测，这时不要开窗通风，也不要打开任何换气设备。使房间属于密闭状态，这样对房间的检测才会准确（图 5-29）。

图 5-29

注意：在对房间检测前需要密闭房间 1 小时以上，这样才能让空气中均匀分布甲醛分子。

清理掉房间中多余的建筑垃圾，如油漆、板材等。

在进行检测时不要使用任何香水、空气清新剂等，以免干扰检测仪的测量。

家居生活中，甲醛含量小于 0.08mg/m³ 才算合格。

5.2.2　电子温度计如何测体温

　　体温计是生活中最常见的一种医学检测仪器，不过老式的水银体温仪在使用过程中可能会有很大的安全隐患，因为其外壳是玻璃材质的，易碎，如果体温计中的水银进入皮肤或者不小心误食都需要马上就医，所以并不建议给中老年朋友和婴幼儿使用水银体温计（图5-30）。

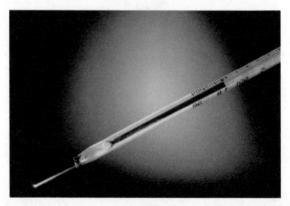

图 5-30

　　现在市场上推出的电子体温计则避免了这些问题，采用高精度传感器和微型计算机技术，电子体温计可以快速、准确、方便地检测体温。其使用方法如下：

(1) 将电子体温计的探测头利用棉花或棉棒沾取酒精进行消毒处理（图 5-31）。

探测头

图 5-31

(2) 打开开关后，会有蜂鸣声，表示已经开机。如果之前使用过电子温度计，则会在显示屏上出现上次测量的体温值（图 5-32）。

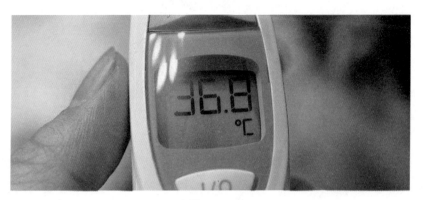

图 5-32

(3) 将体温计放在腋下或含入口腔，这与水银温度计的使用方法是相同的（图 5-33）。当温度计测量完后，显示屏会停止闪烁，也会发出蜂鸣声。

图 5-33

(4) 检测完后，可以将每次测量的体温值记录下来，这样方便掌握自己的身体变化。

5.2.3　电子血压计与自测血压

很多中老年朋友都有血压过高的问题，大多会长期服用药物以控制血压。如果家中常备一个电子血压测量仪，就可以实时监测自己的血压，预防因为血压过高或者过低出现的各种疾病（图 5-34）。

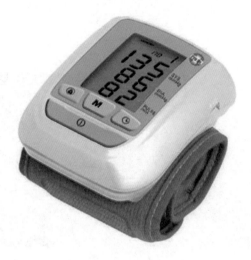

图 5-34

(1) 在电子血压仪测量前不要运动、抽烟等，保持平缓的心态坐在桌边（图 5-35），裸露出手臂或仅穿薄衣，将手臂置于和心脏同一高度。

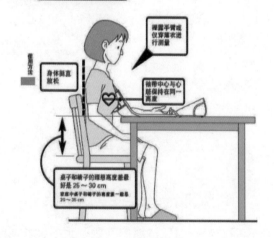

图 5-35

(2) 将臂带缠绕于手臂上，注意臂带不可太松或者太紧，以免影响测量的准确性（图 5-36）。

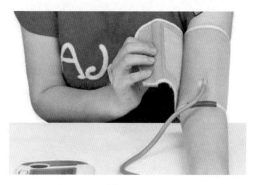

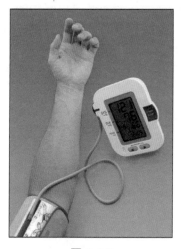

图 5-36

（3）缠绕好臂带后，在电子血压检测仪上按下"开始"键，开始
　　　检测血压。当显示屏上的数字不再跳动，并发出"滴"声时，
　　　即完成检测（图 5-37）。

图 5-37

**注意：在测量过程中，手臂放松、手掌张开、不要握拳。测量
完成后可以在休息 3~5 分钟后再次测量一次，取平均值为此次测量
的结果。测量的时间最好选在起床后的 1 小时或睡觉前的 1 小时。**

5.2.4　家用理疗仪的使用须知

　　目前，不少老年朋友在家中都添置了理疗仪，理疗仪的原理是
通过物理因子作用于人体，对病变组织进行治疗（图 5-38）。

图 5-38

　　在使用理疗仪的过程中，如果不听从医嘱，则很容易造成身体损伤，例如：电击伤或电流损伤，常由于设备接地不良所致；灼伤，多因利用电、光、热因子治疗时，强度过大、温度过高、持续时间过长或保护不当所致；过度刺激现象，由于物理因子的负荷量过大，作用时间过长，超过机体耐受力，可能出现红肿、水疱，有出汗、心悸、疲乏、食欲不振、病情恶化等现象；过敏反应，过敏体质的患者，在接受药物导入治疗时，出现对药物的过敏反应，部分人会对治疗电极过敏（图 5-39）。

图 5-39

　　在购买理疗仪器和使用理疗仪器前，必须咨询康复理疗专业医师和治疗师；清楚自己的使用目的和存在的病症；了解仪器理疗仪器的适应症、禁忌症；一般每次治疗 20 分钟（急性病症 5 分钟、亚急性病症 10 分钟、慢性病症 20 分钟），连续使用 10 次为一个疗程，停用一周后再进行第二疗程的治疗。

◉ 5.2.5　手机看病与预约挂号

目前，手机应用软件层出不穷，医疗、看病类的软件也不少。它们大幅方便了人们的生活，尤其对于中老年朋友来说，使用看病类手机软件，可了解身体方面的一些不适症状，从而改善生活作息问题和药物使用情况（图 5-40）。

图 5-40

（1）在手机上下载一个看病类的软件，在首页中会出现一个人体模型，在人体模型上选择自己身体不适的部位（图 5-41）。

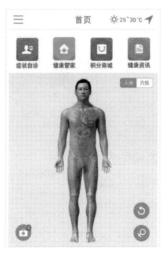

图 5-41

（2）选择症状，填写年龄和性别等信息后，在其下方便会出现诊断结果，包括西医诊断结果和中医诊断结果两种（图 5-42）。

图 5-42

　　如果手机诊断结果提示需要前往医院就医，则可以在手机上预约挂号，省去了在医院排队的时间，也避免了挂不到号的情况。

（1）在手机上打开支付宝，在支付宝的首页中找到"城市服务"（图5-43），然后在"城市服务"中点击"挂号就诊"（图5-44）。

图 5-43

图 5-44

(2) 这时需要授权才可进行挂号服务，选中"确认授权即表示同意《用户授权协议》"，然后点击"确认"按钮（图 5-45）。

图 5-45

(3) 这时页面会跳转到用户所在位置的医院列表，选取需要挂号的医院（图 5-46）。

(4) 在所选医院界面中，选择"预约挂号"即可完成操作（图 5-47）。

图 5-46　　　　　　　　图 5-47

【跟我学】还需要常备哪些"健康卫士"？

　　家居生活中利用现代科技产品来负责身体健康已经是一件常见的事，但是在家庭生活中除了上面几种产品，还有哪些是可以常备家中保卫健康的呢？

　　（1）家用血糖检测仪。在有糖尿病人的家庭中常备一个家用血糖检测仪可以很好地观察其血糖变化，以便及时改变生活作息，避免血糖的进一步升高（图5-48）。

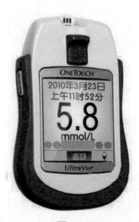

图 5-48

　　（2）家用智能体脂秤。体脂秤可以全面检测身体的体重、脂肪、骨骼、肌肉等含量，配套软件可以智能分析身体的重要数据。根据每个时段的身体状况和日常生活习惯提供个性化的饮食和健康指导。其智能对象识别技术多模式、大存储，可以满足各年龄阶段的需求（图5-49）。

图 5-49

（3）家庭医药箱。家庭医药箱是家中的常备物品，其中可以放置一些家庭常用药和针对家人疾病的必备药品，以及一些急救用品。现在生活中随时都有可能发生意外，提前预备一些急救物品可以在一定程度上延长抢救时间和避免二次感染（图 5-50）。

图 5-50

5.3　锻炼身体，需要科学指导　　➕

由于中老年朋友对于健康的追求，去户外锻炼身体无疑成为一个最好的选择。但是在户外锻炼身体时也要注意运动适当，不要运动过度或者拉伸过度，以免造成身体损伤。尤其上了年纪的老年朋友，在运动时尤其要注意自己的心率和身体状态，感到不适时应立即停止运动（图 5-51）。

中老年人盲目暴走伤害膝盖 不如散步养生

图 5-51

在锻炼时，如果有教练在旁边指导会好很多，但是教练不可能一直陪着运动，所以一些针对身体监测的可佩戴电子仪器也就诞生了。

⬤ 5.3.1　电子心率监测可以分析运动强度

在医院中由于要求数据精准，电子心率检测仪一般都比较大，想要随身携带基本是不可能的。但是在运动时，心率的高低是判断运动是否过量和运动是否对身体造成负担的一项重要指标，所以目前市场上也推出了很多可佩带的电子心率检测仪。

腕表式（图 5-52）

图 5-52

对于经常进行大量运动，尤其是户外运动的人来说，内置GPS、心率监测功能的运动手表无疑是最好的选择。含有电子心率监测仪的手表普遍支持防水、GPS 以及先进的光学心率传感器，在使用中可以设定心率监测范围，将自己调整至最好的运动状态。

腕带型（图 5-53）

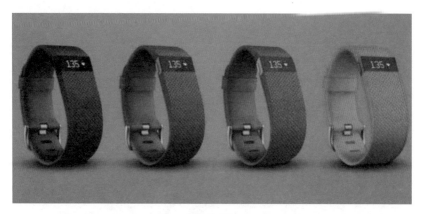

图 5-53

同样是佩戴在手腕上，但是腕带型的电子心率监测仪由于功能较为单一，外观上也更为简洁，在价格上相对腕表型的监测仪会更便宜一些。

胸带型（图 5-54）

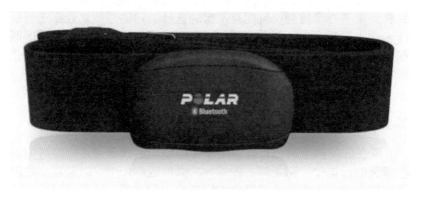

图 5-54

胸带型心率传感器不仅可以解放手腕，同时价格也更为低廉。胸带型电子心率监测仪拥有防水、防汗的功能，可适用于跑步、骑行等运动，内置的心率传感器也非常精准，配合手机软件可实现全面的运动监测。

耳机型（图 5-55）

图 5-55

　　如果既不喜欢手表、腕带，也不想在胸前佩戴任何设备，那么耳机型电子心率检测仪可能是不错的选择。它的方便之处在于可以在运动时边听音乐边监测运动状态和心率，集成在耳蜗的传感器能够监测耳部脉搏，精准性也很高。当然，还可以更方便地打电话、听音乐，而不必再额外佩戴耳机。

5.3.2　步数计算软件妙趣横生

　　现在的智能手机都有各种电子传感器，也就是说它能够帮你记录每天的行走步数和距离。例如，"微信运动"中可以设置步数记录和好友排名，每天步数最多的好友会占领封面，还可以对好友进行点赞，这也成为一种新的社交方式。开启"微信运动"的方法如下。

（1）首先打开微信，点击右上角的"+"，选择"添加朋友"（图
　　　 5-56）。

图 5-56

(2) 选择"公众号"，跳出搜索界面（图 5-57），在搜索框中输入"微信运动"（图 5-58）。

图 5-57

图 5-58

(3) 之后会显示所有记录运动的程序，选择"微信运动"（图 5-59），会跳转到详细资料页中，点击"启用该功能"（图 5-60）。

图 5-59　　　　　　　　图 5-60

（4）进入"微信运动"点击"步数排行"（图 5-61），此时就
可以看到朋友圈中的步数排名情况了（图 5-62）。

图 5-61　　　　　　　　图 5-62

注意："微信运动"可以作为平时步数计算工具使用，排行榜也仅是娱乐形式，不可盲目攀比步数，造成运动过度，损伤身体。

5.3.3　运动水壶给您当"水"管家

上了年纪的朋友都喜欢手里拿着水壶，以便能够随时喝水，但有时忙起来很容易将水壶遗失，或者拿了一天却一口水都没喝，甚至有些老年朋友因为身体原因需要按时服用药物，但他们却经常忘记服药，使身体情况逐渐恶化，甚至有危险发生（图 5-63）。

鳳凰资讯 凤凰网资讯 ＞ 滚动新闻 ＞ 正文

老人忘服药买菜时发病

图 5-63

现在市场上推出了一款智能运动水壶，不仅可以记录每日的喝水量，并将每日喝水量同步上传至手机软件中，还可以提醒服用药物，以免忘记服药，并记录服药时间和次数（图 5-64）。

图 5-64

有些智能运动水壶底部还有一个 LED 光环，用来显示水温（图 5-65）。

图 5-65

◯ 5.3.4 蓝牙音箱取代笨重设备

无论在广场、公园，还是小区楼下的宽敞地带，都能看到"广场舞"的身影。中老年女性都非常热衷于利用跳舞来健身，但是每次跳舞的前期准备却很麻烦。首先就是要拖着一个笨重的音箱到跳舞的集聚地，然后还需要找地方插电才可以使用（图 5-66）。

图 5-66

　　其实现在的蓝牙音箱，音量和广场舞音箱差不多，但体积却更小巧，在携带上非常方便，并且蓝牙音箱不需要找电源，可以充电使用（图 5-67）。

图 5-67

5.3.5　智能运动手环随身监控

　　智能运动手环是一种穿戴式智能设备，通过这款手环，用户可以记录日常生活中的锻炼、睡眠情况，部分产品还可以记录饮食等实时数据，并将这些数据与手机同步，起到通过数据指导健康生活的作用（图 5-68）。

图 5-68

　　智能运动手环如同一个健康的监督官，能时刻提醒关注自己的身体健康状态，督促多运动、合理饮食、注意睡眠（图 5-69）。但是，任何工具都不能提高人的身体素质，要想提高身体素质，只有靠自己养成良好的生活习惯。

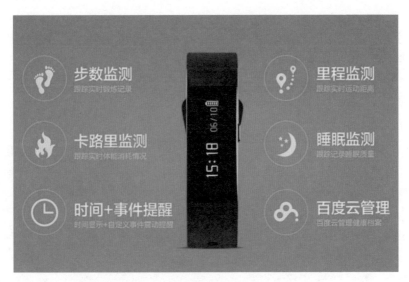

图 5-69

【跟我学】室内与室外运动安全须知

由于年纪原因，中老年朋友身体素质下降，要想保持健康的身体，需要常做一些运动（图5-70）。但是运动时也要注意时间、方式、强度和自己的身体状况，千万不可以逞强。可以利用智能产品随时监控自己的身体状况，以免造成身体损伤。

图 5-70

在室内锻炼时，可以使用一些器械和体育用品。在室外锻炼时，通常以慢跑、太极、广场舞、健身操为主。虽然运动对身体有益，但是在运动过程中同样有些需要注意的事项。

(1) 准备运动。在运动前最好能做准备运动，让自己的身体接收到"马上要运动了"的信号。可以弯弯腰、踢踢腿、放松肌肉、做做深呼吸等，将身体活动开，同时还要注意一定要穿运动服和运动鞋，以免在运动过程中受伤（图5-71）。

图 5-71

(2) 切忌空腹运动。很多中老年朋友习惯练后再吃早餐，其实这样并不利于身体健康。专家指出，食物在身体中经过一晚的消化，早晨已经完成代谢，如果不在运动前补充一些营养物质（图5-72），很容易造成心脑血管的疾病。但也不可吃得太饱，以免在运动时造成身体供血不足。

图 5-72

(3) 避免高强度运动。中老年人身体渐渐衰老，体力、耐力都会变弱，过分剧烈的运动，如长跑、跳高、跳远等都不适合中老年人做。中老年人宜选用运动量小的方式进行锻炼，如散步、跳舞、慢跑、游泳等（图5-73）。

图 5-73

(4) 不要去人烟稀少的地方运动。中老年人大多都有一些慢性疾病，在这种情况下尽量不要去人烟稀少的地方进行锻炼，最好和他人结伴进行锻炼，以免锻炼发生意外时没有人在旁，耽误治疗和抢救的时间（图5-74）。

图 5-74

第 6 章

享休闲，陪您度过闲暇时光

 内容摘要

电子阅读，活到老学到老

影视娱乐，无须复杂操作

市内出行，智能保平安

滑动解锁

中老年人退休后，会有大把的时间闲赋在家。习惯了之前的忙碌生活，突然一下子生活开始变得缓慢起来，便会觉得不适应，情绪会变得低落，但是却不知道应该如何排解这种情绪（图6-1）。

图 6-1

首先要面对现实，勇于接受既成的退休事实，然后重新设计安排自己的生活，尽快适应新的生活环境，还要善于控制情绪，正确面对各种困难和挫折，以积极的心态摆脱不良心理的困扰。

6.1　电子阅读，活到老学到老

书籍是人类的好朋友。阅读书籍不仅可以学到新知识，还能陶冶情操，提升自我修养。但是，现在市场上的书，印刷的字体都比较小，对于中老年朋友来说阅读起来太吃力，阅读体验不太好。其实，目前电子阅读已成为文化传播中的重点，很多电子产品都可以当作阅读工具来使用（图6-2）。

图 6-2

◯◯ 6.1.1　手机阅读软件功能丰富

手机已成为生活中的必需品，在功能越来越强大的同时，手机软件种类也越来越丰富。目前市场上的手机阅读软件很多，可以根据个人的喜好进行选择（图 6-3）。

追书神器

ireader阅读器

掌悦读书

网易读书

懒人听书

手机阅读器

掌阅ireader

网易云阅读

图 6-3

接下来介绍阅读类软件该如何使用。

（1）在应用商店下载一个阅读类软件，下面以"书旗小说"举例说明（图 6-4）。

图 6-4

(2) 打开软件。第一次进入阅读界面会有一些书籍分类可供选择，可以根据个人爱好进行选择（图6-5）。

图 6-5

(3) 在进入主界面后，可以选择首页出现的书籍进行阅读，也可以搜索想看的书籍（图 6-6）。点击搜索框，输入想要看的书名就可以完成对书籍的搜索，出现搜索到的书籍后，直接点击"开始阅读"即可（图 6-7）。

图 6-6　　　　　　　　　　　图 6-7

(4) 在阅读界面中，点击一下屏幕，在屏幕下方会出现菜单栏，在菜单栏中有"目录""亮度""设置"和"评价"选项（图 6-8）。

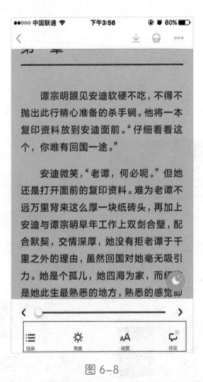

图 6-8

(5) 选择"亮度"可以对阅读时的光线进行调节，尽量选择使眼睛最舒服的亮度。选择"设置"可对字体大小进行调节，这样即使不戴眼镜也能进行阅读（图 6-9）。

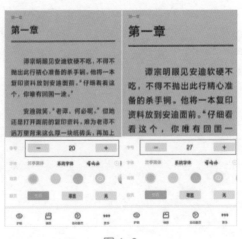

图 6-9

(6) 如果长时间阅读感到眼睛疲劳，但还想继续阅读下去，这时可以选择"听书"。点击屏幕，出现菜单后点击右上角的耳机图标，进入听书模式。在听书模式中可以选择阅读上一段或者下一段，也可以选择阅读速度。当不想再听书之后，可以退出语音阅读模式（图 6-10）。

图 6-10

6.1.2 听书软件让您回味过去

现在很多阅读软件都提供听书功能，但是由于书籍太多，所以一般阅读软件的听书功能都是用电子音阅读，其语音、语调并没有起伏和顿挫，听起来还是会有些不适应和奇怪的感觉。因此可以使用听书软件，软件中有很多名家对经典名著的朗读，在听觉上感受会很舒服。这些软件不仅局限于书，还有一些相声、小品、戏曲。

(1) 在应用商店中下载一个听书软件，这里以"懒人听书"为例进行说明（图 6-11）。

图 6-11

(2) 下载完成后，点击软件图标进入主界面，其中会有一些书籍的推荐，可以直接选择自己喜欢的听，也可以进行搜索。点击右上角的"放大镜"图标，会转到搜索页面，在搜索页面中可以直接点击搜索框进行搜索，也可以选择热门搜索词进行搜索（图 6-12）。

图 6-12

（3）在搜索框中输入想要搜索的内容后，会自动跳出与之相关
　　的内容（图 6-13）。点击进入内容页进行选择（图 6-14）。

图 6-13　　　　　　　　　　　　图 6-14

（4）在点击内容后，可以在界面中直接选择开始听书，也可以
　　进行章节列表，选择自己喜欢的章节来听（图 6-15）。

图 6-15

（5）如果出门也想听书，可以将要听的内容下载下来。在章节列表中，每一章右边都有"下载"图标，点击即可完成下载（图 6-16）。下载完成后，在主界面底部的"我的"中，选择"我的下载"（图 6-17）。

图 6-16   图 6-17

（6）直接点击已下载的内容就可以听到声音。听完后可以点击右边的"垃圾桶"将文件删除（图 6-18），以免占用内存。

图 6-18

6.1.3　蓝牙耳机解除缠线烦恼

出门在外，有时想要听歌或听书，但是在公共场所，将手机声音打开会打扰到其他人，是一种很不文明的行为，所以通常会使用耳机，但是将整理好的耳机从口袋或者包中拿出来的时候，由于耳机线比较细长，所以会缠绕成一团，需要重新整理（图 6-19）。

图 6-19

如果使用蓝牙耳机，就不存在这种烦恼了，因为蓝牙耳机相对来说比较小巧，并且不会出现打结的情况（图 6-20）。

图 6-20

蓝牙耳机的接受范围为 10 米，在 10 米范围内都可以进行通话和听歌。蓝牙耳机的辐射值仅为手机的几十分之一，几乎可以忽略不计，属于辐射免检产品。因此很多人为了远离手机辐射也开始使用蓝牙耳机接听电话。

🔘 6.1.4　散步必备便携式收音机

很多中老年朋友都有着听广播的爱好，在电视还没全面普及的时候，想要接收到外界的资讯和信息全靠收音机。虽然现在电视全面普及了，但是听收音机的习惯也被很多中老年朋友保持下来。

收音机的功能和内容也随着时代在一起进步，不仅是新闻，相声、歌曲、评书、趣事等收音机也会播放。而很多中老年朋友在进行晨练或者散步时都喜欢随时收听音频节目，但是传统收音机体积太大，难以携带（图 6-21）。

图 6-21

现在市场上推出的便携式收音机，不仅保留了老式收音机的所有功能，而且变得更加小巧，便于携带（图 6-22）。

图 6-22

6.1.5 Kindle 阅读对眼睛更好

Kindle 是亚马逊公司推出的一款专业阅读器，内置亚马逊公司的图书商店，可以直接在 Kindle 上购买图书，非常方便。而且 Kindle 非常省电，只有在刷屏的时候才耗电且耗电量极低；它没有任何亮度，在太阳底下也可以非常方便地阅读，待机状态下犹如在屏幕底下压了一张报纸（图 6-23）。

图 6-23

和普通手机不同的是，Kindle 使用墨水屏，没有亮光，所以 Kindle 的屏幕相对于手机的屏幕会更保护眼睛。

另外，对于视力不太好的中老年朋友，Kindle 还可以使用"字体放大"功能，使眼睛更舒适，没有负担。

【跟我学】阅读的光线与视力的保护

阅读时光线太强或者太弱都对眼睛不好。光线太暗时，为了看清目标，眼睛一定会更靠近目标，这样时间一久，容易诱发近视；而光线太强会使人感到刺眼或产生目眩，较细微的地方也会因此而看不清，眼睛所承受的负担也会加重，容易产生眼睛疲劳（图 6-24）。

图 6-24

其实由于人的眼睛是在自然光下发育的，因此在自然光下阅读并不会伤眼，但是由于阅读需要长时间使用眼睛专注地看，所以对于阅读来说，上午 10 点左右的自然光是最适合的，但是时间是变化的，所以光线也是在一直变化的。因此，在阅读时最好在室内打开白炽灯，这样的光线连续不间断，无明暗变化。

6.2　影视娱乐，无须复杂操作　　⊕

现在的影视节目越来越多，而观看的渠道除了电视机，还有各种电子产品。电子产品携带方便，随时随地都可以拿出来观看（图 6-25）。

图 6-25

◖◗ 6.2.1　首先最好连接无线网络

要想在外面用手机观看影视娱乐节目，需要连接网络。如果没有无线网络，使用移动公司的流量数据不仅网络不稳定，而且流量费不便宜，所以最好连接无线网络，这样不仅不用花费额外的流量费，网速也相对稳定（图6-26）。不过手机要怎么连接无线网络呢？

图 6-26

（1）点击手机的"设置"图标（图 6-27），在"设置"菜单中找到 WLAN 选项（图 6-28）。

图 6-27 图 6-28

(2) 将 WLAN 设置打开（图 6-29）。

图 6-29

(3) 无线信号会根据信号强弱排列，选择自己家中的 WiFi 进行
连接（图 6-30）。点击 WiFi 连接后，会提示输入密码（图
6-31）。

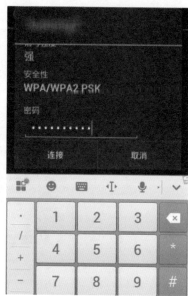

图 6-30   图 6-31

(4) 输入密码并连接上后，就可以使用无线网络了。

◯ 6.2.2 下载软件搜索影视资源

在连接上 WiFi 后，可以在应用商店查找影视类软件，例如优酷、爱奇艺、搜狐、土豆等（图 6-32）。

图 6-32

(1) 选择一个软件并下载，这里以优酷视频为例进行说明（图 6-33）。

图 6-33

(2) 开启下载好的软件，在软件的首页中会有最近点击率较高的热门影视节目，如果有喜欢的就可以直接点击观看，如果没有喜欢的节目，可以进行搜索（图6-34）。

图 6-34

（3）在搜索页面中会出现近期搜索比较多的影视节目，也可以直接在搜索框中搜索想看的节目（图 6-35）。对于打字不方便的中老年朋友来说，可以按住下方的"**按住 语音搜索**"按钮，将节目名称讲出来直接搜索。

图 6-35

（4）将搜索的节目名称输入搜索框后，会直接跳转到节目列表中，在影视剧下方可以点击具体集数进行观看，也可以直接点击"播放"按钮来观看（图 6-36）。

图 6-36

⬤ 6.2.3 调节亮度与声音

在使用手机观看影视节目时，有时因为外界的光线变化会导致屏幕亮度不够、显示不清楚，或者因为身处比较嘈杂的环境中而听不清节目声音，这时直接在屏幕上操作就可以调节屏幕亮度和声音大小（图6-37）。

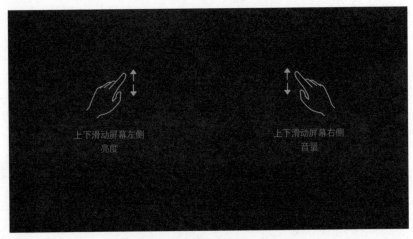

上下滑动屏幕左侧
亮度

上下滑动屏幕右侧
音量

图6-37

左半边屏幕向上滑是增加屏幕亮度，向下滑是降低屏幕亮度；右半边屏幕向上滑是增大音量，向下滑是降低音量。

⬤ 6.2.4 暂停观看与缓存下载

在观看节目的过程中，可能会被一些要紧的事打断，需要暂停播放，这个时候双击屏幕，或者点击屏幕左下角的"暂停"按钮就可以暂停播放。事情解决后如果想继续播放节目，可以按下屏幕左下角的"播放"按钮或者双击屏幕，继续播放节目（图6-38）。

图 6-38

　　如果需要长时间外出，并且想把手机带到外面观看节目，可以选择缓存节目，让节目缓存在手机中，这样在外面即使没有 WiFi，也可以正常观看节目。

（1）选择想要缓存的节目，如果出现在软件首页可以直接点击，如果没有可以进行搜索（图 6-39）。

图 6-39

（2）进入节目播放页面后，在播放框的右下角有一个向下的箭头按钮，它就是"缓存"按钮（图 6-40），点击该按钮会出现节目的集数，可以选择需要缓存的集数进行缓存，而且可以同时缓存多集。在"缓存选择"中可以选择缓存节目的清晰度（图 6-41）。缓存的节目越清晰，内存占用也越大。

图 6-40   图 6-41

（3）再次点击软件图标进入首页，可以直接点击搜索框右边的"缓存"按钮（图 6-42）。这样就可以看到之前缓存的节目了（图 6-43）。

图 6-42　　　　　　　　　　　　　　　　图 6-43

注意：视频一开始播放的时候是在一个小窗口中播放的，想要全屏播放，点击播放框右下角的"放大"按钮即可（图 6-44）。

图 6-44

6.2.5　手机与电视机如何共屏

手机屏幕和电视屏幕相比起来还是太小，尤其是对于中老年人来说，小屏幕看起来有些费劲，远不如电视大屏幕看起来舒服，那么如何将手机里的节目放到电视上播放呢？

使用无线方式可以很方便地使手机与电视"共屏"，要保证电视是智能电视，且手机和电视在同一个 WiFi 网络环境下，另外，苹果和安卓设备的操作也略有不同。

苹果设备

从手机屏幕的底部向上滑动打开"控制界面"，点击"AirPlay 镜像"选项，直接可以看到电视的名称，点击之后电视上就会显示手机的画面（图 6-45）。

图 6-45

安卓设备

以小米手机为例，首先在电视上打开"无线投屏"或类似的软件（图 6-46）。

图 6-46

然后在手机的无线连接方式中打开"无线显示"（图 6-47）。

图 6-47

　　这时手机上就会出现电视的名称，连接成功之后手机就可以与电视同屏显示了（图6-48）。

图 6-48

注意：

　　如果是播放优酷、腾讯视频等软件里的电视剧、综艺节目等，点击"TV"图标后会出现电视名称，点击它即可投屏成功，对于这个操作，苹果与安卓手机并没有什么差别（图6-49）。

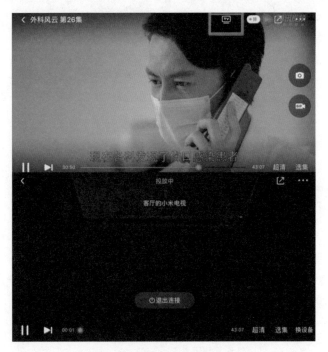

图 6-49

【跟我学】手机显示"内存不足"怎么办？

当手机里存入的内容越来越多时，手机内存也会被占用得越来越多，手机的运行速度就会变慢。其实手机里的很多内容都是平时使用时缓存的一些无用的图片、数据等，可以通过清理缓存操作释放一些内存，让手机运行更顺畅。

苹果手机和安卓手机的操作稍有不同，先讲安卓手机的操作方法。

安卓手机

(1) 先打开手机的"设置"，然后点击"通用"，在"通用"中点击"应用程序"（图 6-50）。

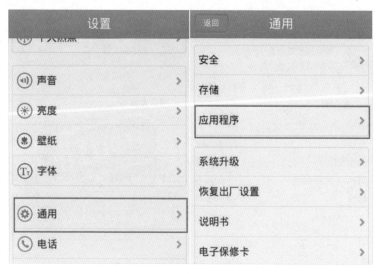

图 6-50

(2) 在"应用程序"中，点击"已安装"，在该界面中可以看到手机中安装的应用程序（图 6-51）。

图 6-51

(3) 选择一个软件会跳转到"应用程序信息"界面，可以查看到软件在手机中占了多少的内存，点击"清除数据"和"清除缓存"按钮，可以清除一些无用的数据（图 6-52）。

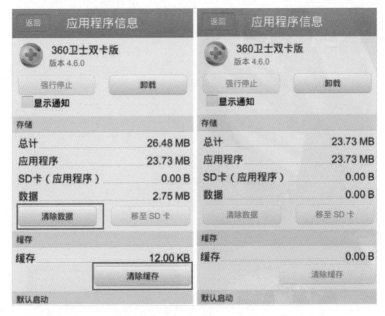

图 6-52

苹果手机

苹果手机和安卓手机不同，不能在手机设置中一次性清除，需要在每个软件中单独清理。这里以照片和微信举例。

(1) 照片：可以定期把一些没用的照片删除，但是删除掉的照片，会在"最近删除"中保存，这是以防万一的，如果删错了，或是改变主意了，可以利用"恢复照片"的功能把这些照片找回来。照片在"最近删除"中会保留 30 天。如果你确定真的不想要这些照片了，可以点击这个相册右上角的"选择"，然后选择左下角的"全部删除"（图 6-53）。

(2) 微信：打开微信，点击下方的"我"，进入"设置"，再进入"通用"，此时看到"存储空间"一栏（图 6-54）。

图 6-53

图 6-54

(3) 进入该栏，可以看到微信占据手机储存空间的比例。点击"管理微信聊天数据"按钮可以选择对话并删除，也可以点击"清理微信缓存"按钮直接将缓存全部清理（图 6-55）。

图 6-55

6.3　市内出行，智能保平安

很多退休后的中老年朋友日常的活动范围都很固定，例如，去菜市场买菜、去超市选购生活用品、去公园晨练或者乘公交车去学校接送孩子，他们对这些地方非常熟悉。但是现在城市发展非常迅速，道路上会发生很多意外状况。针对这些有可能出现的问题，利用身边的智能产品能够使出行（图 6-56）变得更加便利。

图 6-56

◯ 6.3.1　忘带公交卡可以用手机

　　乘坐公交车时刷公交卡会比较方便，因为使用公交卡会打折，比直接投币要划算很多，而且不一定时时刻刻身上都带有零钱（图6-57）。

图 6-57

　　但是公交卡不像手机钥匙一样会随身携带，所以如果出门了但是没带公交卡也没带零钱时，可以使用手机，像刷公交卡一样的刷手机，一样能方便乘车。但是用手机乘车前需要做一些准备。

　　（1）确定手机带有 NFC 功能，然后拿身份证到移动公司，将普通的手机卡换成有市政一卡通功能的 NFC 手机卡（图 6-58）。

图 6-58

(2) 下载对应的软件，移动卡请下载"和包"，电信卡请下载"翼支付"，联通卡请下载"掌上营业厅"，这里以电信卡为例进行说明（图6-59）。

图 6-59

(3) 进入软件并注册登录后，在首页中点击"公交充值"（图6-60）。

图 6-60

(4) 选择右下角的"手机卡"按钮，点击"充值"（图 6-61）。
选择充值金额并点击"支付"按钮（图 6-62）。

图 6-61   图 6-62

(5) 选择付款使用的银行卡，点击"下一步"输入银行卡密码，
完成支付即完成了对手机公交卡的充值（图 6-63）。

图 6-63

6.3.2　坐地铁如何选择目的地

　　地铁方便了人们的出行，路上交通可能因为道路上的突发事故造成交通堵塞，耽误很多事情。但是乘坐地铁却没有这个问题，地铁一般都准时准点地出发和到达，并且地铁速度也比公交车的速度快很多（图6-64）。

图 6-64

　　在乘坐地铁时，需要过安检，将包和随身携带的物品放在传送带上，然后安检人员会用金属探测仪扫描，检查乘客是否携带了危险物品（图6-65）。

图 6-65

过完安检后，进入地铁入口处，将一卡通紧贴刷卡处（图6-66），通过验证后会发出"滴"的一声，这时门闸会打开，直接走过去就可以了。

图 6-66

根据自己的目的地选择需要乘坐的线路（图 6-67）。

图 6-67

到达目的地后，从出口处出来时再刷一次一卡通，就完成了乘车费用的支付。没有一卡通的中老年朋友想乘坐地铁，可以选择去售票处购买单程票，售票处有自动售票机和人工售票处。通常在人工售票处的人较多，而自动售票机处的人较少（图6-68），但是自动售票机上如何买票呢？

图 6-68

在自动售票机上会显示目前所在车站的名称，根据要去的目的地选择地铁线路，售票机上会出现这条线路上的所有地铁站，找到目的地（图6-69），再选择乘车人数。

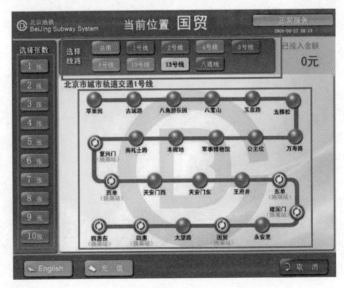

图 6-69

选择完毕后会自动跳转到支付界面，购票只收 5 元、10 元的纸币和 1 元的硬币，将准备好的钱放入钱币投放口（图 6-70）。

图 6-70

之后会在屏幕下方的出票口，将票和找零一起投放出来（图 6-71）。

图 6-71

购票后就可以像使用一卡通一样刷卡进入地铁口了，但是出站的时候需要将车票投入，因为地铁的车票会循环使用（图 6-72）。

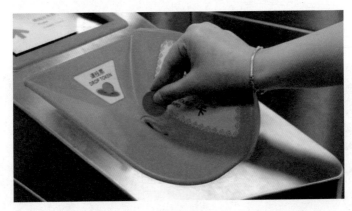

图 6-72

⬤◯ 6.3.3　不方便可以选择"滴滴出行"

　　虽然地铁和公交现在已经非常方便了，很多地方都可以到达，但还是有些地方仍然没有公共交通到达；或者有公共交通但是非常麻烦，需要来回转车。遇到这种情况可以选择打车，通常出租车费用比较高，如果使用"滴滴出行"软件，费用会低一些（图6-73）。

图 6-73

(1) 首先需要下载"滴滴出行"软件，下载完成后直接打开软件。此时会提示开启 GPS 和 WiFi 定位，开启后才能使用"滴滴出行"软件（图6-74）。

(2) 在使用"滴滴出行"时，需要先点击左上角的"登录"图标（图6-75）。登录时只需要通过手机验证即可。

(3) 在使用"滴滴出行"的时候，由于开启了 GPS，系统会自动定位到当前的位置。现在"滴滴出行"的服务包括很多种，例如顺风车、快车、出租车等，可在上方选择想要的车型，如果要去比较近的地方，可以选择"快车"（图6-76），去比较远的地方可以选择"顺风车"，"专车"一般是比较高级的车，所以价格也会相对高一些。

图 6-74　　　　　　　　　　　　　图 6-75

图 6-76

（4）在选择好乘坐的车型后，在"你要去哪儿"中输入目的地（图 6-77）。

(5) 输入目的地后，系统会自动跳转到约车的界面，这时会出现普通型和优享型，两者的区别在于优享型的车会相对好些，但是不能选择拼车。在普通型中可以选择拼车或者不拼车（图 6-78），拼车价格相对较低，但是途中司机会去接其他乘客，所以乘车时间会延长。选择不拼车时，司机中途不会接其他乘客，而直接去目的地。

图 6-77

图 6-78

(6) 在不赶时间的情况下可以选择拼车，拼车需要选择位置，这样司机才会根据选择的位置预留座位（图 6-79）。

图 6-79

(7) 选择完成后，点击"确认用车"，这时系统会根据周围的车来分配信息，当司机收到信息后可以选择接单。接到单后司机就会往你现在所在的位置赶来，如果司机到了但是找不到你，就会给你打电话询问详细地址，告诉司机你的具体位置即可。

◯ 6.3.4　锻炼身体还有共享自行车

现在很多企业在校园、地铁站点、公交站点、居民区、商业区、公共服务区等区域提供了自行车共享服务。共享自行车的出现最大限度地利用了公共道路，很好地诠释了低碳出行的概念，同时还能起到健康身体的作用。但是共享自行车应该怎么使用呢（图6-80）？

图 6-80

(1) 选择自己家附近出现最多的共享自行车，并下载其支持的
软件。这里以"摩拜单车"为例进行说明（图6-81）。

图 6-81

(2) 点击进入该软件，这时会要求输入手机号码并通过验证（图
6-82），随后会要求注册和登录，并需要输入身份证号。

图 6-82

(3) 登录后就可以在首页中查看附近的共享自行车了，选择离
自己最近的一辆，然后点击"扫码开锁"按钮（图6-83）。

图 6-83

（4）将扫码框对准共享自行车上的二维码（图 6-84），当扫描成功后，系统会自动打开共享自行车的锁，这时就可以骑行了。

图 6-84

6.3.5　租用电动汽车如何充电

　　目前市场上除了推出共享自行车外，还推出了共享汽车。共享汽车有一部分是电动汽车，电动汽车和传统汽车相比更节能减排，但是在行驶一段时间后需要充电（图6-85），那么，电动汽车要如何充电呢？

图 6-85

　　由于电动汽车的逐步普及，现在很多商场、停车场、社区都建有充电桩，在车快没电的时候可以将车开到有充电桩的地方，将充电桩上的充电头取下，并插入汽车的充电口进行充电（图6-86）。

图 6-86

【跟我学】乘坐公共交通工具，有些东西不能带

平时乘坐公交车或地铁时，有时会带很多东西上车。但是公共交通工具上通常都有很多人乘坐，所以有些会对他人或自己造成危险的东西是不允许带上公共交通工具的。下面举例说明。

活禽、宠物

活鸡、活鸭等各类家禽，以及猫、狗等各类宠物（或动物），是禁止乘客携带进入地铁乘车的，但是导盲犬除外（图 6-87）。

图 6-87

易爆易爆、有毒有害物品

首先严禁携带各类烟花爆竹或带有烟花爆竹成分的物品乘坐公共交通工具；其次作为常见的易燃物品，各类汽油、柴油、打火机油、香蕉水等液体，绝对禁止被带入公共交通工具站内；再次，一些易燃的装修材料、带有压力容器的各类喷雾、氧气罐、液化气等也属于公共交通工具违禁品；最后，不准携带剧毒农药、生漆等有毒有害物品，盐酸、蓄电池等腐蚀性物品，放射性和传染病病原体等乘坐交通工具（图 6-88）。

图 6-88

充气气球

五颜六色的气球（图 6-89）是孩子们的最爱，但是也不能带进地铁。因为气球升空后（尤其是高架站）如果碰到接触网，会引起短路停运，影响行车安全。同时，在拥挤的车厢里也容易被挤爆，造成恐慌。

图 6-89

注意：水果刀、高度白酒等也不能带入公共交通工具，水果刀属于刀具，高度白酒属于易燃液体，这两种都属于公共交通工具的违禁物品。